基金支持
国家自然科学基金面上项目 （编号：52078315）
江苏省建设系统科技项目 （编号：2021ZD33）
江苏省建设系统科技项目 （编号：2020ZD04）

孙磊磊，东南大学博士，师从齐康院士。苏州大学副教授，硕士生导师，国家一级注册建筑师，中国历史文化名城苏州研究院副院长，荷兰代尔夫特理工大学访问教授，中国建筑学会民居建筑学术委员会理事，江苏省土木建筑学会委员，江苏省科技咨询专家，国家自然科学基金评议专家，《中国名城》青年编委副主任。

主要研究方向为建筑设计方法、城市更新研究。先后主持国家自然科学基金2项，主要参与国家级课题5项；发表学术论文40余篇，出版学术专著3部；曾获中国建筑学会建筑设计奖、江苏省城乡建设系统优秀勘察设计奖、江苏省建筑及环境设计大赛紫金奖、江苏省土木建筑学会建筑创作奖、江苏省土木建筑学会城市设计专项奖、江苏省高校优秀毕业设计指导教师等荣誉。

Time Machine

时光机器

荷兰建筑再研究

Re-study on Dutch Architecture

孙磊磊 著

东南大学出版社 南京

序言

在全球范围的建筑学、城市设计、建成环境保护更新领域，荷兰都毋庸置疑是一个很独特的样本。荷兰特殊的地理条件、高度全球化的文化本性，使这个样本具备了多元、多姿和多态的特质。

我曾于 2010 年利用国家 CSC 项目访问荷兰，在代尔夫特理工大学交流一个月。其间，我高度关注荷兰的建筑教育体系和城市建筑实践，并保有浓厚的学术兴趣。比如荷兰阿尔梅勒的新城市设计思路，就是从开放式的系统框架、自发性的城市要素和有机生长的组织秩序去探索城市设计策略。荷兰人开放、紧随时代流变的思想和观念，也反映在这种动态的城市演进之中。当然回过来看，对荷兰的持续关注和研究，对于中国当下和未来人居环境更新演变、转型升维的新局面具有重要的借鉴和启示作用。我一直认为这种对外域学派的追踪学习、观照和思考，对于探究我们自己的建筑学研究具有全局性的意义。

本书作者，青年学者孙磊磊，是东南大学建筑学院的优秀毕业生，现于苏州大学任教。她于 2018 年赴荷兰代尔夫特理工大学访学一年，深入考察了复杂历史环境下荷兰城市更新的经验与模式，并结合自己的研究方向，撰写出《时光机器》这样一部学术专著呈现给读者。

纵览全书，作者用七篇学术文章，以多维的线索将荷兰建成环境的适应性转型、因地制宜的遗产策略、建筑教育空间、多元思想交锋、历时性的理论和专题研究等结集成册。同时，又围绕三条暗含的线索——空间实践、理论溯源、方法策略，全面呈现独特而鲜活的荷兰式城市更新思路，形成了对当代中国城市建设具有巧妙的外部启发意义的专栏性学术作品。

本书以“时光机器”之喻，呈现了高密度城市环境中的荷兰式存量空间再利用的创新样本，初步廓出荷兰独特的动态遗产保护语境，并试图探究其隐秘的文化内核。内容层层递进、前后勾连，形成了一种对荷兰城市与建筑学术再观察的整体性框架。无论是其中的访谈实录、策略解析、概念剖析、思潮追溯还是珍贵的一手资料都令人印象深刻。例如，书中追溯二战后兴起的国际主义线索，描述乌托邦的国际式社区的传奇历程；从类型、策略、技术的角度，阐释和注解荷兰既有存量空间的更新范式；再如，从众多荷兰建筑先驱中挑选出著名建筑师凡・艾克和前卫艺术家康斯坦特，比较剖析二者思想观念和艺术实验之间的关联——这或可启发读者：现实的设计可以回到文化特质，从艺术哲学等跨学科的逻辑概念中，去寻求更深刻、更全面、更多维的解答。

立足于当下，中国城市面向高质量发展的新阶段，存量空间更新和适应性再利用已经成为重大且亟待研究的课题。同时，全球化浪潮带来的地域性消退的问题，也无时不在提醒我们建筑学科的急速进化，如不持续探索学科的深度和广度，则不足以应对时代的危机。我认为拓展学科边界的重要方法，包括全球性的合作与经验共享、跨学科领域的高度交叉融合。当代荷兰的一些先锋派（MVRDV、OMA 等），已经尝试对未来城市进程给出一些自己的答案，这也是我们将持续关注荷兰、持续汲取外部经验的缘由。历史悠久、地域融合的欧洲城市更新的方法论和思想理论，对于我们研究新的城市设计范式、推进未来新一代的城市范型向“在地性、可持续、数字化”方向整体升维，有着重要的启发意义。

这本书是一次非常有益的尝试，我愿意将其推荐给所有对建筑学、城市学科及人文艺术领域感兴趣的读者和城市更新、建成环境的研究学者。我也期待年青一代的学者能够持续深入地探索原创的、“在地性”的城市研究方法。期待作者能做出更多更好的创新研究，对我们这个大时代和中国的城市建设发展做出更多的学术贡献。

王建国

2021 年秋于东南大学

序言 002

1 时光机器 009
Time Machine
1 设计主体的立场与态度 012
2 法规流程与跨专业协作 015
3 改造项目与设计策略 018
4 当我们谈论经验时，我们在说些什么 030

2 变化即永恒 039
Change is Eternal
1 荷兰语境下的遗产活动对全球遗产话语转变的影响 043
2 荷兰独特的空间规划政策及其对遗产保护实践的意义 045
3 动态的遗产策略：以荷兰建筑遗产改造为例 046
4 动态即永恒 061

3 从类型到策略 065
From Type to Strategy
1 适应性再利用在荷兰的发展概况 067
2 类型导向下的适应性再利用 069
3 策略导向下的适应性再利用 071

4 教育空间之思 079
Rethinking of Educational Space
1 建筑教育及其教学场所 080
2 “空间—身体—事件”语境 084
3 代尔夫特理工大学建筑系馆空间解析 087
4 空间之外与反思 094

5 空“鼓”传音 099
A Lot of Noise on a Rather Empty Drum
1 一战过后：交流初显 102
2 阿道夫·贝恩：包容之音 103
3 陶特、门德尔松与贝伦斯：差异之声 106
4 荷兰建筑师前往德国 107
5 奥德的影响：空鼓回声 114

6 再现异托邦 121
Reappearance of Heterotopia
1 从理想城到边缘区 122
2 失落的秩序 124
3 再现异托邦 129
4 自由的曙光 132
5 启示 136

7 游戏的人 141
Homo Ludens
1 游戏—建筑和艺术：凡·艾克遇见康斯坦特 144
2 游戏—氛围：约束的自由 147
3 游戏—秩序：弱（强）结构 149
4 游戏—场所：空无 / 色彩 153
5 游戏—内外：迷宫的清晰 156
6 超越游戏 158

后记 160

STICHTING
CONSTANT

对话卡斯·卡恩教授

Interview with Prof. Kees Kaan

1

时光机器

Time Machine

荷兰，因其独特的自然地理条件，引发深层内在的存在危机感，进而催生城市建设深入彻底的创新观念。这使得荷兰的城市规划与建筑设计一直保持警醒自立、卓尔不凡。其特立独行的建筑流派与建筑师、规划师群体在欧洲乃至全球建筑学科中始终占有重要一席，且影响深远。若将视野投向更广阔的城市变迁历程，无论是“超级荷兰”还是全球范围，未来城市都将不可避免地趋近日益紧凑且更为致密的结构状态。2017 年，在塞维利亚召开的联合国人居署全球会议——“规划紧凑城市：探索致密化的发展潜力与制约因素”认为“填充式开发、再开发和致密化”是全球城市发展议程的核心领域[1]。物质空间则在城市高密度压力与重建转型的双重挑战下力求突围。这显然将进一步引发当代城市更新中关于历时性与共时性[2]层叠并置的互文探讨。建筑师的身份随之不断切换于城市空间的洞察者、缔造者与改造者之间；他们在环境危机中坚守、寻找改善复杂城市问题的可能方式。

荷兰作为高密度国家典型代表，近十年在建成环境的适应性转型中表现突出。在荷兰本土的城市更新浪潮中，以 Rem Koolhaas、Francine Houben、Winy Maas、Kees Kaan 等为代表的建筑师们展现出复杂丰富的经验和系统深入的策略探索。荷兰大区[3]诸多建成环境的更新与改造也呈现百花齐放的丰盛形态。过去的几十年里，荷兰现有建筑的“翻新（Refurbishment）”项目随着典型的“适应性再利用（Adaptive Reuse）”和“扩建（Extension）”项目的数量积累而持续推陈出新。以 ArchDaily 英文版官网公开发布的项目数据为例，在其翻新类别分项中搜索 2009 至 2018 年十年间荷兰境内的改造类项目，得到的有效结果超过 120 项[4]（图 1-1）。概览其中 KAAN Architecten、Mei Architects and planners、Mecanoo Architecten、MVRDV 等多家建筑事务所的建成作品，可以明确感受到建筑师对既有城市环境与存量建筑的改良意愿

1　2017 年 3 月 15 日于塞维利亚，联合国人居署召开国际专家组会议（EGM）“规划紧凑城市：探索致密化的发展潜力与制约因素”。会议旨在在城市再开发和填充式开发的背景下，深入了解致密化政策、战略和工具，以提高城市可持续性的意义。此议题也是《新城市议程》和《可持续发展目标》的主要焦点之一。资料来源 https://cn.unhabitat.org/un-habitat-hosts-global-meeting-on-planning-compact-cities。

2　孙磊磊、闫婧宇、薛强在《集群空间的“结构性”重塑：数字方法介入“历时性”城市更新的可能性》指出：历时性语境包含城市结构性前提和空间混合的逻辑。身处复杂城市环境，如何分析、尊重、延续与发展这种混合的逻辑是解决新旧并置的关键问题。

3　荷兰大区指兰斯塔德地区（荷兰语 Randstad），即大都市地区。包含阿姆斯特丹、海牙、鹿特丹与乌得勒支市所形成的城市群。其人口密度最高，而土地面积仅占国土面积的 1/4。资料来源：https://www.nl-prov.eu/regional-offices/randstad-region/?lang=en。

4　以 ArchDaily 为例，翻新类项目 Refurbishment in Architecture 被划分为：适应性再利用（Ada ptive reuse）、修复（Restoration）、改造（Renovation）和扩建（Extension）。资料来源：https://www.archdaily.com/category/refurbishment?ad_name=flyout&ad_medium=categories_first_level。统计表以网站项目为依据，但并不涵盖荷兰所有相关改造类项目数据。

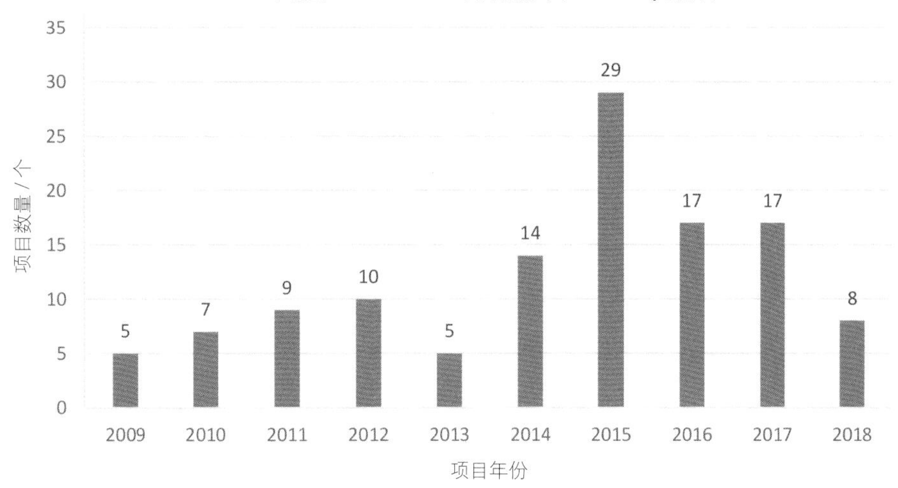

2009—2018 年荷兰 Refurbishment 分析类别数据（以 ArchDaily 为例）

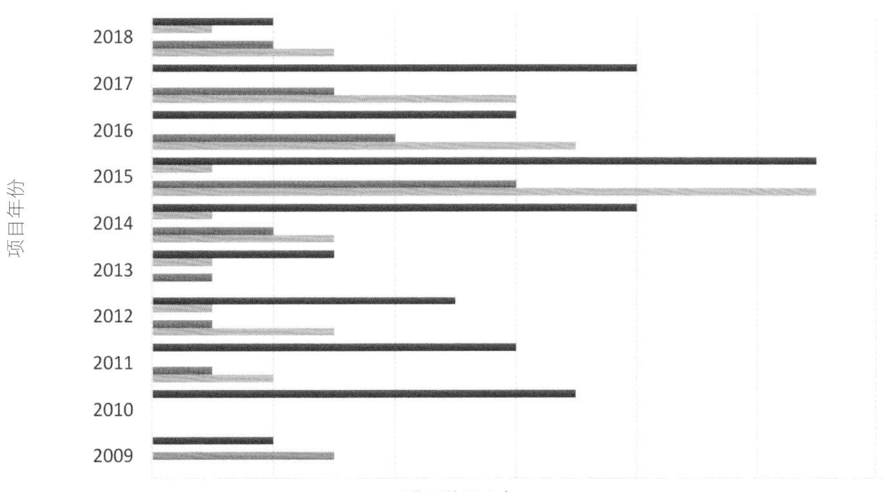

0 2 4 6 8 10 12

	2009	2010	2011	2012	2013	2014	2015	2016	2017	2018
■其他	2	7	6	5	3	8	11	6	8	2
■重建	0	0	0	1	1	1	1	0	0	1
■翻新	3	0	0	0	0	0	0	0	0	0
■扩建	0	0	1	1	1	2	6	4	3	2
■适应性再利用	0	0	2	3	0	3	11	7	6	3

■其他 ■重建 ■翻新 ■扩建 ■适应性再利用

图 1-1 以 ArchDaily 为例，2009—2018 年荷兰 Refurbishment 项目数据

与聚焦思考。基于荷兰建筑师（事务所）的主观设计视角来研究建成环境可持续利用的转型经验，或将在历史环境、建筑遗产、保护与更新等议题中获得更具操作意义的研究线索。本章正以此为切入点，意在探寻荷兰建筑师群体介入历时性城市更新的差异化策略与方法。

2019 年 3 月 12 日，笔者有幸就此议题对具有双重身份的卡斯·卡恩教授—卡恩建筑事务所主持建筑师、代尔夫特理工大学建筑与建成环境学院建筑系系主任进行了访谈，问题包括对待历史环境的建筑师立场、改造项目的类型流程、建筑师角色责任以及具体实践中的困难与经验[5]。实际的访谈对话注重引发更为开放的探讨，如建筑师秉持的自我设问："遗产为何，何为价值"；又如"设计即商洽""唯简单永恒"……卡恩教授更用六组典例进行详细的阐析对比，以传达项目个案在更新策略与方法上多层面的鲜活经验和深入思索。讨论从环境限制条件、改造预期目标、遗产项目运作方式、新旧材料细部等视角次第展开；建筑师以"时光机器"为喻，于现实当下辨析历史记忆，在历史空间中追寻场所新生。访谈立足此时此地，回溯过往，探索未来—将时间性的三者融合在思辨中。于此意义上审视，访谈不仅获得了针对历史价值与当代性的"聚焦且多义"的改造策略线索，同时激发出持续的、对建筑师身份的内在审思与自我追问，是为记。

1　设计主体的立场与态度

孙磊磊（以下简称"S"）：您好，卡斯·卡恩先生，感谢您接受我们的采访。近年来，随着城市的不断发展，既有建筑面临持续更新，人们对建成环境中的"新插件"和改造类项目给予越来越多的关注。这次访谈，我们并不想过于强调荷兰明星建筑师和他们炫目于世的宏大作品，而是希望置身于与历史环境对话的微妙质朴的语境中。我们想谈谈您公司改造类项目的相关经验和策略。您公司官网上用"保护（Preservation）"一词来描绘既有建筑或是历史建筑项目的归类；而在 ArchDaily（https://www.archdaily.com/）则把类似的建筑实践称为"翻新（Refurbishment）"。我们理解每个公司对项目的定位会各有差异，那对您个人而言，这类项目意味着什么？您面对所谓历史建筑或遗产的态度如何？这类项目在整体公司项目中占比多少？

卡斯·卡恩（以下简称"K"）：正如您所说，改造类项目是很值得关注的话题，我很乐意就这个话题来具体谈一谈。目前荷兰的情况可能和中国也有相似之处，改造类项目越来越多，毋庸置疑。对我个人而言，我们做的任何项目，它更像是一种对待历史或者遗产的回应，不论是被定义为"保护"还是被看作一种"翻新"。因为我们

5　访谈问卷由孙磊磊、朱恺奕设计，详见附录。

总是置身于城市环境之中，在城市中流动。而城市本身就是一种遗产。我举一个例子，我们几年前完成的海牙荷兰最高法院重建项目，它位于海牙市中心、旧城核心区。项目所在地与历史建筑遗迹和严格控保的历史地段仅一街之隔（毗邻国会大厦、骑士楼、莫瑞泰斯皇家美术馆、埃舍尔美术馆以及近现代知名历史建筑——1957 年建造的美领馆）。这个项目本身我始终认为是与城市遗产同行、同在，即便它确实看上去是一座“全新”的建筑，因为城市肌理与文脉是历史性的（图 1-2、图 1-3）。

S：我第一次路过海牙最高法院时，就被这座处于历史环境中的新建筑所吸引。它宁静优雅、与环境共生。正如您所说，建筑师应从考虑城市环境与历史文脉出发，这是理解设计的起点。

K：是的，如果城市环境已经存在……人类建造的城市拥有历经数百年历史的建筑物，它的文脉就和自身的历史一样厚重，且富有层级。即使我们在建造一座完全崭新的建筑时，你也需要考虑到对城市遗产的保护和尊重。人们必须了解基地环境的历史，了解场所是怎样随时间推移而生长的，以及历史场所中到底拥有什么。遗产为何？我认为遗产的重要性，不仅仅因为遗产能讲述和传递历史信息，更暗含当代性发端的线索，提示现代性从何而来——这一点尤其弥足珍贵。因此，在考察阿姆斯特丹、鹿特丹或任何其他地方的历史时，应充分了解一座城池如此这般发展的深层原因。我们在保留、替换和更新的方面做出了哪些选择，对坚守什么与放弃什么做出判断，从而获得当下清晰的价值图景。因此，历史建筑和遗产的视野有助于我们理解价值。价值很重要，它可以创造出一些全新的东西。如果要回应项目占比的问题，我认为，我们公司的作品 100%（几乎所有）都可归于此类项目。

朱恺奕（以下简称“Z”）：对您而言，在荷兰设计一座新建筑与“翻新”或“改造”项目并没有太大差别？事实上，我们本想问您：面对新建项目与旧改项目时，设计师的立场和策略会有怎样的区别？

K：是的，因为我的关注点在于——为什么要这样设计，目标何为，怎样实现，如何建成并符合环境背景。所以从这个意义上看，我思考的连续性与传统性都适用。当然我会解释说，两者并非完全一样（笑）。我认为立场和态度是一贯的，但它们确实也有不同的考量因素。当然，我更倾向于将这种态度融合于项目的过程之中，而不是在建造新事物和对存量建筑改造之间做出明晰的区分。还有讨论这种改造到底是属于更新更多、保护更多，或者其他什么——这取决于现有遗产的起点状态。遗产可以被明确收录划列[6]，一般来说收录名单里的遗产大多具有重大纪念性意义；但也常常

6 Register of Monuments and Historic Buildings, Cultural Heritage Agency of the Netherlands (RCE). 资料来源：https://erfgoedmonitor.nl/en。

图 1-2 荷兰最高法院沿街立面

图 1-3 荷兰最高法院沿侧立面透视图

有例外，那些并没有被列入清单的，对我们（建筑师）而言，同样富有趣味。因此，这意味着某种悖论，即未被收录的建筑遗产，它们有可能充满意趣；而被列出的建筑遗产，它也可能非常无趣。

Z: 比如哪类遗产并不能引起您的兴趣和共鸣？建筑师如何介入遗产类项目的保护与改造？

K：个人来评判一座遗产建筑是否有“趣味”，这取决于我的所见所感、所能挖掘出什么。有些遗产在考古学层面的意义远远大过作为改造项目本身而存在的意义，也许这样说有些挑衅意味。同时，建筑师需要清晰地辨析理解“改造（Transformation）”“更新（Renovation）”与“保护（Preservation）”的微妙区别[7]。谈及“保护（Preservation）”常指历史建筑或其部分需要被保存、延续，而通常情况下它们已经被列入保护清单，这意味着它的重要性和价值被明示，即有人已经告诉你这很重要、你需要这样做。而“更新”可理解为对历史建筑的局部构件、室内空间、外立面等实施“部分更新”。“改造”则倾向于对建筑、空间以及建造系统更多的、整体性的改变，赋予它们新的价值和功用。

S: 是否可以这样理解：针对历史建筑的改造更新的核心问题，即通过“设计介入”赋予这类建筑某种新的“适应性”？

K：是的，它可以符合当代风格。近十年来，针对被收录的纪念建筑，荷兰现有政策允许对其进行变更[8]。这些变化不但可以更好地保护它们，还可以令它们发挥积极作用——反之亦然。因此，我认为这是重要的设计切入点。如果我们只是“木乃伊式”地保留这些遗产，只是延续它被保存的状态，它就因不起任何作用、不能被使用而完全固化。所以对待被收录的建筑遗产也好，历史建筑或是其他既有建筑也罢，建筑师取得某种目标的前提首先是能否在允许范围内挖掘可能的变化，生发新的影响力，进而以历史记忆为原点，延续其使用价值满足当代目的。

2 法规流程与跨专业协作

S：在“适应性”改造设计整体流程中，建成遗产相关立法会给建筑师带来怎样

7 卡恩教授尤其强调三组英文单词与中文词汇的对应关系，以便更准确地传达改造类项目的概念解读和设计介入的层级差异。

8 在荷兰，需依据《环境法案通则》[General Provisions of Environmental Law Act (Wabo)] 获得遗产建筑的更新改造的环境许可证（Environmental Permit）。资料来源：https://www.monumenten.nl/onderhoud-en-restauratie/wetten-en-regels-bij-monumenten.

的限制？建筑师如何利用或者说周旋于这些政策法规以实现设计目标？

K：当然，和技术及资金限制一样，法规也是我们需要面对的现实困境。建筑学总是在探索限制的边界，正如我们常常在探寻置身于有限时空中设计还能走多远……问题意识与挑战限制的能力是我们的核心竞争力。在这个意义上，评判荷兰建成遗产法规的限制就会更加客观。据我所知，针对不同类别的历史建筑有不同的层级要求（如荷兰《遗产法 2016》[9]《阿姆斯特丹宪章》以及《欧洲建筑遗产保护公约》[10]对建成遗产的分类）；就既有建筑或现有遗产个体而言，尚可清晰地评价其具备的不同地位——比如，我们称之为市级纪念物、省级纪念物，当然还有联合国教科文组织的纪念物。问题在于当它们都从属于城市区域的一部分时，情况将变得复杂。从它们的原真性物质空间或显性的存在方式上评判，你可以说这个城市的这一部分区域都理应得到保护。因此，当建筑师想在那个区域里展开设计工作时，城市部门会对你所做的一切极尽苛责。当你想在设计上做一些新尝试或突破时，就会发现缺乏针对相关地区的具体立法或保护措施（《通过城镇内部的积极整合实现城市历史地区可持续发展》虽提出“历史片段”概念，但具体措施停留在环境评估导则层面[11]）。他们并不明确说是否禁止这样做；但仍有一些规则，比如，你必须将计划书提交给特定的遗产委员会审批[12]。

Z：您实际操作过哪些指定级别的历史建筑改造项目？它们的审批流程如何？

K：各种情况都会发生。阿姆斯特丹的运河系统是受联合国教科文组织保护的遗产，如果我们在那里做项目，将会处于一种非常严苛的状态。我们实际操作过市级建筑遗产，也遇到过省级纪念物。以市级遗产为例，建筑师需要将改造或保护的

---

9 《遗产法 2016》（Heritage Act 2016）已取代文化遗产领域的 6 项法律法规，包含：Monument Act 1988，Cultural Heritage Preservation Act 等。在荷兰，纪念物（建筑）可划分为：国家古迹，省级纪念物，市级纪念物和受保护的城市景观或乡村景观。资料来源：https://www.rijksoverheid.nl/onderwerpen/erfgoed/erfgoedwet；https://www.rijksoverheid.nl/onderwerpen/erfgoed/vraag-en-antwoord/wat-is-een-monument-en-welke-typen-monumenten-zijn-er。

10 张松在《城市建成遗产概念的生成及其启示》一文中详细梳理欧洲建成遗产（Architectural Heritage）相关法规条文的更替迭代关联。其中包括 1961 年荷兰的《历史古迹法》（Monuments and Historic Buildings Act）；1975 年《关于建筑遗产的欧洲宪章》[The European Charter of the Architectural Heritage，即《阿姆斯特丹宪章》]；1985 年 3 月，欧洲理事会通过的《欧洲建筑遗产保护公约》[Convention for the Protection of the Architectural Heritage of Europe，即《格拉纳达公约》]。

11 来源同 [10]，2004 年，欧洲委员会（European Commission）提出了第 16 号研究报告：《通过城镇内部的积极整合实现城市历史地区可持续发展》（“Sustainable Development of Urban Historical Areas through an Active Integration within Towns”，2004，简称“SUIT”）。

12 包括国家遗产委员会与市政遗产委员会。

方案提交给市政厅委员会讨论。委员会通常由那些有在城市敏感地段工作经验的景观建筑师、规划师、政府派遣的建筑师、社区人员和历史专家组成。建筑师首先需要获得遗产建筑的“文化遗产报告”，并定义项目价值。若遗产报告尚未成文，委员会将邀请第三方撰写一份。该报告需要将项目的历史价值纳入考量，他们会建议建筑师去建筑史学家或者相关研究机构的专家学者那里获得专业支持。报告一旦建立并得到市政厅的批准，建筑师将在限制框架内工作。对于遗产报告本身，即使建筑师不涉及具体工作，建筑师的建议仍然可以影响它。建筑师的态度可以充分表达，“请考虑一下，让我改变它”。整个遗产区的工作并非非黑即白，它是有一定余地的过渡地带。

S：在项目开展的前期阶段，遗产报告的编制具体包含哪些内容？

K：遗产报告它会涉及建筑的历史、类型、断代、材料、保护等级等方面的内容，并定义项目的价值[13]。有的会明确提供改造程度的建议：比如哪些区域是建筑师无法改动的；哪些区域，在尊重原状的前提下可以修改；还有哪些部分你可以拥有更大的自由度和灵活度。

S：您心目中的价值与遗产报告中基于标准导向的价值有何区别？

K：在我看来，个人倾向常有，不同视角常在；而我又总是另类，在意那些我认为重要的价值。我很欣赏以价值导向撰写成文的报告，它为建筑师提供了众多视角和设计线索。有些价值观念约定俗成，有些价值立场亟待传播。某些历史建筑物已经被更改了数十次，不再是原真状态。在物质层面它可能没有任何价值，但放置在整个社会背景或城市肌理下，它仍然具有保护价值。因此，遗产报告的意义在于它可以帮助你建立进行改造的叙事逻辑，至少有迹可循。当这部分叙事逻辑足够强大，甚至可以形成设计概念的核心。但我仍然保留一些作为建筑师本人的自由，可以选择、补充、质疑的自由。基于此，当委员会根据可行性研究和评估报告进行判断时，我们还可以与他们进行辩论。

S：谈到建筑师的角色，当遗产部门、结构工程师，室内设计师和消防部门一起参与改造项目时，建筑师如何与所有这些部门合作？在我看来这些专业在建筑改造中尤显重要。

K：建筑师的角色就是整合所有专业学科，在遗产类改造中也一样。建筑师提出项目的整体概念和想法，绘制图纸，表达对未来的设想，充分展现对项目阶段的控制

---

13 以荷兰罗宫博物馆（Museum Paleis Het Loo）为例，其遗产报告分四册：总则、建筑主体、室内展厅与展馆两翼的建设历史与价值分析。详见：https://www.commissiemer.nl/projectdocumenten/00001887.pdf。

力。建筑师应当整合所有有助于使这个项目在技术层面、安全层面能正常运作的智囊团力量。我们有结构专家，有专门的 MEP 工程公司（指暖通、电气和给排水）和支持建筑物理性能的专家，还拥有遗产专家、安全和保障方面的专家。他们都会给出专业意见，而我们必须将这一切协调整合。遗产建筑师会提出这堵墙的原始颜色是什么，或者看到这件装饰的原始细节是什么。然后我们与遗产建筑师合作将其整合到设计中。

Z：您认为荷兰是否拥有一个良好的环境，让建筑师可以更好地主导项目，就像您可以指导、协调工程师和遗产专家那样？

K：（良好的环境）并不适用所有项目。这取决于项目本身和业主的开明程度。大多数时候，操作重要项目的业主也深信他们需要一位重要的建筑师来完成这项重要工作。当与业主的意见不一致时，一般来说，我们会试图找到共识。业主也会否定原先认可的设计，以造价太高或限制今后使用等等为由提出意见。我们能否降低一点点设计预期以满足要求？这是永久性的摸索，也许你可以找到一个让每个人都满意的解决方案。对我而言，这就是设计的真谛，设计即商洽。

3 改造项目与设计策略

S：我们注意到，您公司的改造类实践完成度都非常高，比如 B30、布雷达水务局、EMC 医疗教育中心、中心邮局等。可否就具体的案例来谈谈您作为建筑师面向历史环境的设计思路与策略？

K：每个项目都有不同的历史背景与风格。它是不是遗产？你可以做什么，不能做什么？设计总是随实际情况而定，设计策略也一样。确切地说，设计概念和策略不仅来自前面提到的“限制”，它是灵感，是项目的起点。新价值源于限制与可能性。设计一座无论建筑师还是使用者都能感怀的有趣建筑，是一项挑战。现在我们可以来看看这些项目。这是荷兰布雷达市布拉班特三角洲水务局（District Water Board Brabantse Delta），它是一组新老相遇、融合保护与创新的设计项目（图 1–4 至图 1–6）。我们保留了基地内的原有建筑遗存——城堡、小教堂和门楼，拆除了部分旧建筑，新建筑以自然恰当的方式植入，将庄园分为两片绿色场地——法式花园和核桃树果园，整个庄园保持在静谧安宁氛围之中。入口面向城堡的轴线形成视觉通廊；立面深度的层次和微妙的细节使这座新建筑脱颖而出。落成的建筑实用而高效。功能重置后，旧城堡被用作会议中心，教堂则设有水委员会。旧建筑和原始花园都是被收录的遗产纪念物，我们希望设计能保持历史场所的整体状态。新建筑从建成的那一天起就成为遗产。对，我们设计了一个遗产建筑（项目类型：全面整修及门楼、城堡、教堂和新办公楼的功能开发）。

图 1-4 布拉班特三角洲水务局庭院与建筑外观

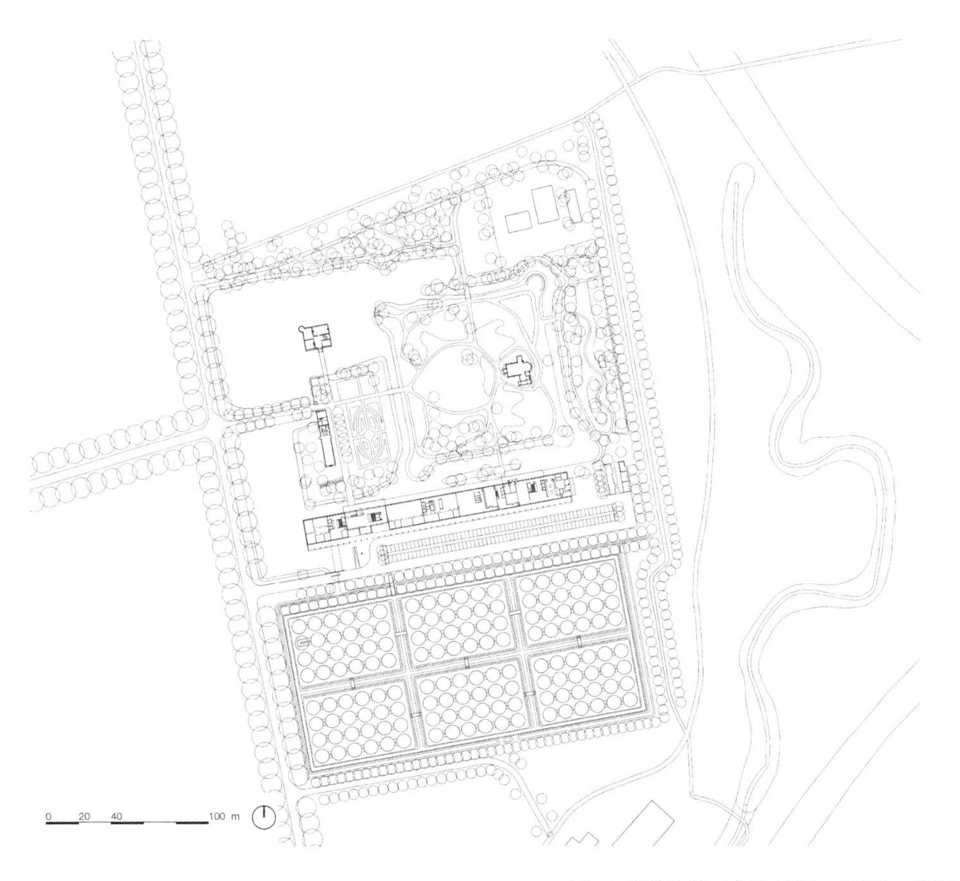

图 1-5 布拉班特三角洲水务局庭院总平面图

图 1-6 布拉班特三角洲水务局庭院柱廊透视图

S：很有意思，这结果恰好证明了水务局项目“新旧融合”的设计策略的精妙。从场所出发协调群体之间空间关系，控制新建单体的比例、韵律与材质构造，是一套成熟系统的操作手段。从项目起始，您是否就设想过它会被整体收录入遗产名单？

图 1-7 比利时皇家美术博物馆室内展厅透视图

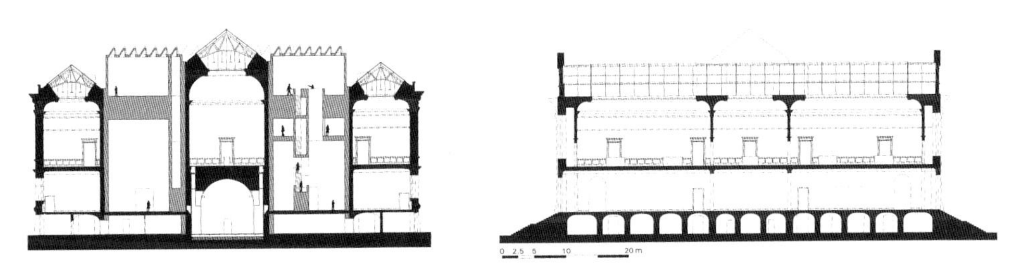

图 1-8 比利时皇家美术博物馆剖面图

K：这并不是从第一天开始就能意识得到的；伴随着设计策略越来越清晰，这些线索逐步浮现。我们在这里所坚持的策略，就是将整个庄园保持在统一的历史场所氛围之中。另一个项目就不太一样，这是比利时皇家美术博物馆（Royal Museum of Fine Arts of Belgium），它是19世纪安特卫普市中心扩建的一部分。我们2003年在竞赛中胜出。原始建筑有高高的天花板和宽阔的空间，但在20世纪，博物馆经历了许多随意的变更——覆盖庭院、封闭窗户、添加墙壁，整体的空间逻辑被打乱。我们的设计意图是在一定程度上将其恢复到原来的状态，并在整体系统中重构内部空间（图1-7、图1-8)。但当时他们只有1000万欧元预算，希望能分期建设，之后又花了几年的时间来做决策。无论如何，我们还是开始了这个长达十多年的项目。就目前而言，它还将至少持续两年。设计旨在通过定义三个主要功能区域——公共街区、博物馆和库房、员工用房和贵宾室来扭转这种干扰。设计通过扩建恢复原有的参观流线，形成了一个全新的“垂直”展览空间。（项目类型：博物馆扩建和库房修复）

还有鹿特丹伊拉斯谟医疗中心改造（Education Centre Erasmus MC），它的旧址由Arie Hagoort与JeanProuvé 设计于1965年。原先建筑的主体入口是停车甲板层之上自由通达的外部空间。这个概念是有缺陷的，由于安全因素，通道常处于关闭状态，人们开始使用三楼作为主要的室内交通路线。改造它更像是一种优化室内可达性的空间转型提升。新设计为这个空间增设了一个屋顶，并将所有学生项目融合在一个中心广场周围。来自所有医学学科的学生都可以在广场相遇。交叉的桁架横跨“教育广场”，漫射光以这样的方式穿透空间（图1-9至图1-12）。（项目类型：改建与扩建）

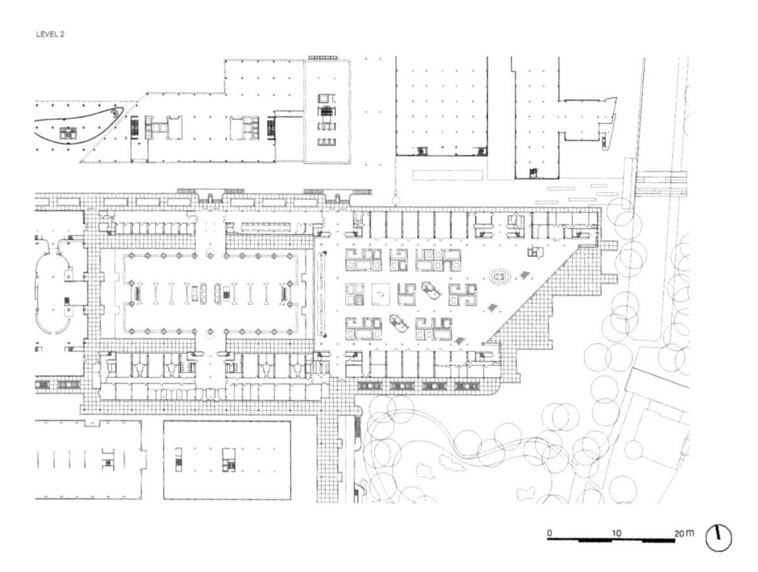

图1-9 伊拉斯谟医疗中心平面图

图 1-10 伊拉斯谟医疗中心室内透视图

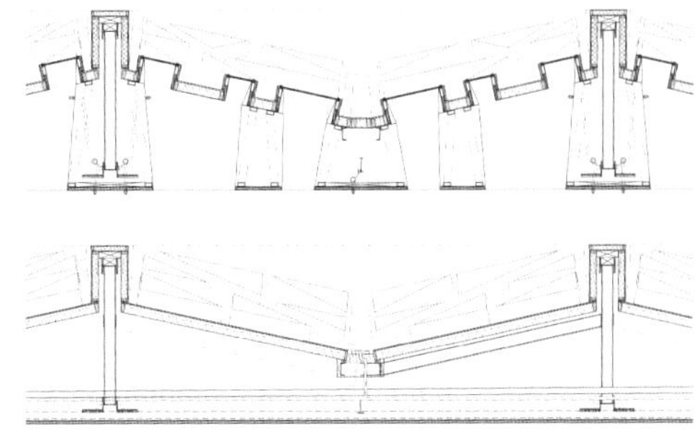

图 1-11 伊拉斯谟医疗中心屋顶构造大样

图 1-12 伊拉斯谟医疗中心总体鸟瞰图

图 1-13 梦想商店外观图

这个项目也值得一提，它位于鹿特丹的 Lijnbaan 保护区，是超级有趣的梦想商店（Dreamhouse），它看起来就像全新的一样。我们对 20 世纪 50 年代由 Van den Broek en Bakema 设计的一座省级纪念建筑进行改造。新建的矩形体量，在保持原有混凝土结构的基础上，以协调的比例堆叠。新建筑本身很简单，外立面由大玻璃和一系列锋利的铝板条构成（图 1-13 至图 1-16）。它延续了原有建筑的外轮廓，并且展示了材料、窗洞开口、色彩和细节的微妙差异，赋予传统二战后建筑以当代意义。（项目类型：区域纪念物更新，包括两个商业门店的改造）

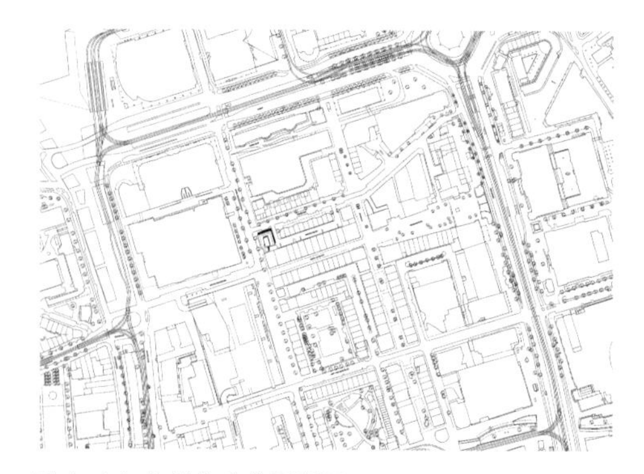

图 1-14 梦想商店总平面图

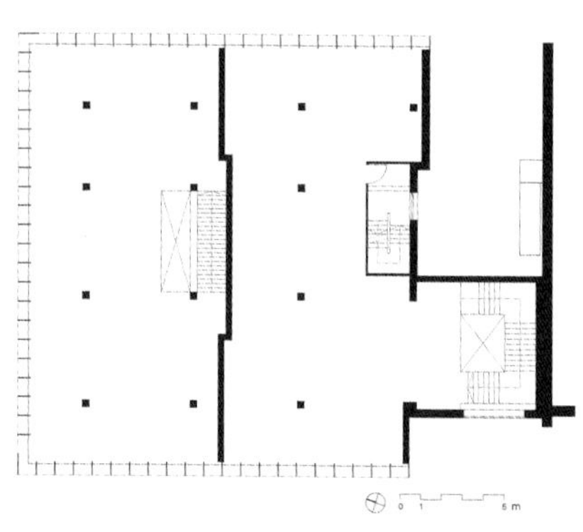

图 1-15 梦想商店平面图

图 1-16 梦想商店外立面细部

S：这座梦想商店的设计逻辑非常清晰，所有设计手段都为了优先尊重并保持其特定的、旧有的建筑轮廓和体量，并进一步在细部材料上寻求新突破。那么，设计如何判断、取舍并平衡新旧价值？

K：是的，除此之外，它还有一些其他特征，比如简洁的外立面和自由的内部空间。仅保留原有结构框架、在原有轮廓里重建，也可能展现出完全不同的外在形式。这就是我们在那里所达到的效果。有时，在我们能想象的极端情况下，项目只涉及纯粹的保护，完全不需要建筑师介入。更多的情况下，项目是新旧价值碰撞的过程，是保护与更新寻求平衡的过程。这种目标需要在每个项目中通过一次又一次的发现与协商而取得。我们再看一个较为特别的案例，这是荷兰罗宫博物馆，原建筑是一座最初建于1686年的皇家宫殿，位于阿帕多恩的郊区。该项目包括翻新、更新和超过5 000平方米的扩建，项目目前还在进行中。原始建筑物和整个花园都是省级遗产，任何连接方式、入口方式，都需要与省级委员会讨论。我们的策略则是利用地下空间：地下融合了所有必要的设施和功能，大门厅成为地下扩建的核心。值得一提的是，前院草坪本身的“形状”也受到保护，特别有趣。我们将草地改造成透明水池，人们可以从地下清晰地看到它的轮廓（图 1–17、图 1–18）。（项目类型：博物馆的更新和扩建）

图 1-17 荷兰罗宫博物馆展厅与地下空间轴测图

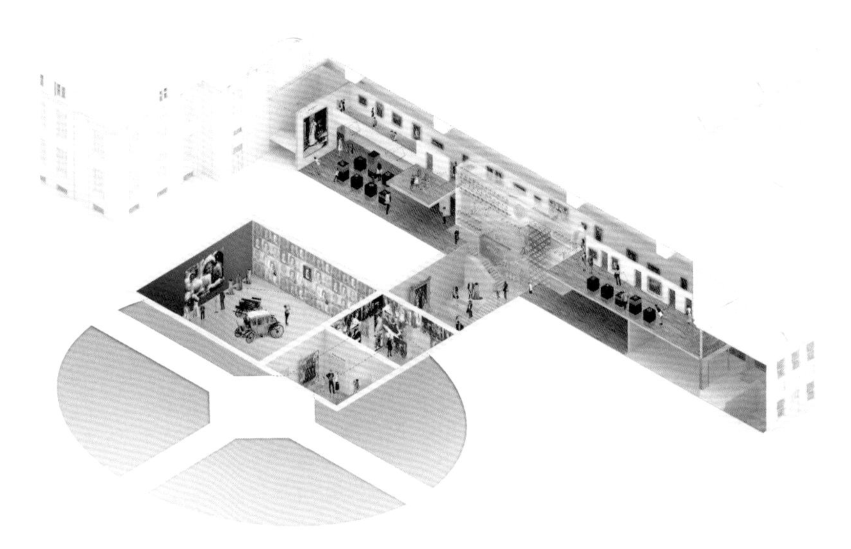

图 1-18 荷兰罗宫博物馆地下过厅透视图

S：正如您介绍的作品所呈现的，这几组改造个案的具体改造策略丰富多元，设计操作在场所氛围、新旧关系、空间格局、功能重置诸多方面充分发挥着主导作用。此外，我们也关注过鹿特丹火车站附近中央邮局（Central Post）这个项目，据说它已成为荷兰五大最具可持续性的建筑之一[14]。您可否谈谈这个项目的改造过程和特点？

K：鹿特丹中央邮局是一座市级保护建筑。我们将其改造成一个具有纪念性的多功能办公楼，以容纳新兴的创意产业。项目主要包括外部修复工作和在内部增设悬挂式楼板，以充分利用原始结构所能承受的荷载，同时让建筑面积增加了 90％。改造后中央邮局成为具有 A 标认证的可持续绿色建筑。设计中我们面临的挑战是需要移除旧邮局里的那些机器设备，腾挪出更多的空间，并赋予新的空间含义和功用。我用“空间机器”的隐喻来解释这个置换：原来的空间属性是为邮局工厂的“机器”设定的，层高 7 米，承载力足够，我们需要植入额外的“机器”来取代旧物。所以在这里，我们设想制作一台新的空间机器——工作容器，增设一层楼板、利用结构受力并获得双层空间，人们在这里工作、创作（图 1-19 至图 1-23）。（项目类型：建筑改造）

S：这样看，中央邮局很好地平衡了创造当代价值与保护历史价值的关系。

K：是的，新增的建筑面积使中央邮局成为商业运营上可行的项目。建筑面积从 2 万平方米变成 4 万平方米，室内空间根据出租需求划分，租金用于维持建筑自身的运营和维护。外立面翻新与所有室内展品和艺术品的保存也获得了出租资金上的支持，大约有五十件艺术品受益于此。回溯起点，这始终是一个遗产建筑。我们需要从根源上挖掘价值，迎接挑战；但它又被自身悠长的历史印记所遮蔽。多段时期、多次改造叠加覆盖后，现在要保留什么？第一阶段还是第二阶段，或者第一阶段已经完全覆灭？这是个艰难的选择。

Z：如何判断哪部分价值更重要？

K：我们尝试从建筑的发展历史中构建叙事概念，抽丝剥茧，寻找最恰当的结合点。首先，它仍然是作为一个公共建筑在区域内重建。其次，它拥有独具历史意义的结构系统，因为它是荷兰最早一批使用钢筋混凝土结构的建筑。此外，建筑外立面属于早期风格派，但略显陈旧。然而，饱含价值的结构本身并不足以供当代使用，设计需要介入更多，新建筑才会逐渐成形。在具体操作中，基于遗产保护里共识的“可逆性”原则，我们考虑在真实结构下复制了一套结构。对于某些历史性要素，利用它或隐藏它，

14 资料来源：http://kaanarchitecten.com/project/central-post/。

图 1-19 鹿特丹中央邮局外观 1

图 1-20 鹿特丹中央邮局外观 2

图 1-21 鹿特丹中央邮局建筑室内双层楼板

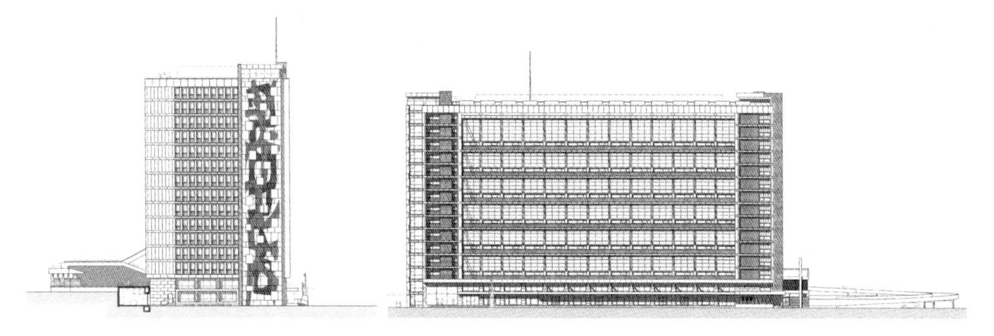

图 1-22 鹿特丹中央邮局大楼西立面图　图 1-23 鹿特丹中央邮局大楼南立面面图

都是可行的策略。在荷兰，建筑改造除了涉及保护级别之外，还会遇到类似“原创权（authorship）”的问题。如果你触碰了前任建筑师的工作，建筑师会说他的设计被侵权，甚至会起诉你。

Z：所以，您需要获得他们的许可吗？

K：是这样，如果我们并不是对建筑师的设计进行修改，而是将之前的设计拆除，这是允许的。我们通过“断代”辨析时间层，提出对建筑转型可能性的新解释。除物理性的保护之外，建筑师可以讨论空间具备哪些自由度和灵活性，以增加当代性，以及适当拆除的权利。

4　当我们谈论经验时，我们在说些什么

Z：什么样的教育背景或成长经历激励并影响了您现在的创作思维？

K：（笑）我没有想过，也许只是悄然形成的。事实上，建筑师的成长从一开始就很神秘，因为你不能确定那种称为思想的东西何时萌芽，如何在进程中逐渐浮现本质，并不断深化。追溯原点可能非常困难，但我所知道的是，从一开始，我就明白完成某些事情必须始终与其他人一起工作。整合团队的力量，你会获得比你想象的更多。

S：您多次提到团队协作，我也注意到你们的作品与其他公司相比更关注建筑细部。与其他荷兰建筑公司相比，你们在设计和运营方面的优势是什么？您如何描述自己公司的个性特征？

K：如果说比别的公司做得更好，我不能那么说，这是秘密（笑）。从更为普适性的视角看，我认为在荷兰语境里，人们必须更加齐心协力，否则我们肯定会“沉溺”。荷兰社会中的共识意识始终如一，深入人心。大家一边喝着咖啡一边试图就某些事情达成一致并可以对任何事情发表意见。老板从来都不是真正的老板，这身份只是项目进程与团队中一员。这意味着在荷兰，你不能以一己之力捍卫自己“疯狂”的想法，

合作才能创造价值。倘若要让人们能够喜欢、理解、接受你的设计理念，就意味着你需要有简单直接的想法。在一个项目中不必有太多纷繁的概念，太多的思绪令人困惑。然而，保持简单的想法并不容易，它会带来步入平庸无趣的另一种挑战。因此，设计需要在策略层面上做出区分。我们发展并秉持自己的设计策略，即“简单的概念，清晰的逻辑，精致的建造”。

S：这也是你们正在坚守的设计逻辑。

K：这是一种平衡。强调细节和锐度、精确性和严谨性是弥补“平庸”的必要方式。自从我们在设计和运营中坚持这种做法，我们的项目就获得了很好的控制。当然，你通过了解当代建筑的运作方式，也能更好地了解遗产建筑与改造，因为二者的内在逻辑是一贯的。无论是建造全新的建筑还是改建遗产建筑，建筑师总是期待设计介入有所表达并被实现。我非常喜欢以如下的方式协调工作：一方面，设计贯彻清晰简明的策略；另一方面，建造保持精密的建构逻辑。若能在两者之间取得平衡，当然算是最好的。

Z：那么以批判的角度来审视您曾经做过的改造项目，有没有您不满意的？

K：是的，有很多。（笑）嗯……其实也没那么多。有时我完全不满意的项目，当两年后再回顾时，我会觉得它实际上并不是那么糟糕，你需要隔一段时间再次审视它。我提倡简单策略，以精致细节、精巧技能和精确比例赋予建筑体面和价值。但这也是一种冒险策略，一旦遭遇各种不可控因素而无法达到精细化质量时，效果就令人绝望。所以项目总会有一些遗憾，我是指外观、物理性能和特殊品质无法达到我理想中的目标而脱颖而出。

Z：除了强调细节的“简单”观念，您在空间策略或材料策略方面，有任何其他的经验吗？

K：精确度和严谨性同样适用于空间和材料。精确不仅适用于细节营造，还适用于空间定义和材料构造。我喜欢简简单单又充满力量的建造，而不是先入为主的宏大的、复杂的闪耀概念，这一点从未改变过。

S：那是另一种“少即是多”？

K：不止于此。它也不是象征“容易”或“慵懒”。它更接近于给问题找到非常直接和明确的解答。我们必须证明，可以通过简单真实的想法创造出非常出色的东西，当然这太难了。一个复杂系统会掩盖各种错误。但如果你决定追随极简，任何错误都会被放大，这根本就不简单。我认为不必将问题隐藏在复杂事物多余的、难以描摹的模糊层面，而应保留通常的路径与项目的本质贴近，并试图尽可能清晰地找到项目的基本问题、获得解决方案。我乐意将项目带回到轻松的状态，然后发展维持这种本质的物理表征。不是极简主义，不是关于风格或关于它看起来简约之类的口号。这是追问越少越好的缘由，“易”缘于“不易”。

S：正如访谈开始我们曾提到伴随城市发展进程，存量建筑物的数量日益增加，紧凑致密是未来城市发展的必然趋势。在这种情形与挑战下，建筑师们将面临怎样的任务、责任和困难？

K：好问题。虽然不能立即给出答案，但我可以谈谈。当我还是学生时，我记得上过“建设经济”的课程。那还是 20 世纪 80 年代，老师曾说荷兰一半以上的建筑都是 1945 年之后建造的。城市发展至今，存量建筑占据了更巨量的城市空间。在中国，我相信这种情况更会日趋显著。中国的人口密度和建设速度都处于世界前列，过去二三十年间政府为数千万人建造了全新的城市。我想在中国可能有百分之八十或百分之九十的建筑生命周期不到一百年。欧洲城镇化也发展到了一定阶段。昨天我在代尔夫特理工大学为一年级学生做了一场关于荷兰城市建设的讲座。这个论坛的策划者——一位来自海牙市政厅的专家，和我们共同讨论这个话题。他解释说海牙市已经没有新土地可以扩展，剩余的部分都是边界，直到边界被填满；没有森林或草原或其他景观空间的余地。这意味着城市的发展只能面向“致密化”，这就是现状。比如，城市中心区的发展必将在高密度中强化功能配置与转型，但你要知道这些地区还充满着重要的遗产。这两个前提是我们回应问题的基础。城市新插件与建筑遗产并置的情形只会在我们面前的下一个时期变得更加明显。它也会迫使人们反思如何对真正的遗产和价值做出判断，对保留与放弃做出辨析和选择，因为这是我们开启遗产传承的方式。当你房间里装满了家具，这些家具继承自你逝去的祖母或来自你父母，因为空间有限无法保留一切，你必须抛弃一些东西时，你会怎么做？是从祖母的物件里扔掉一个，还是放弃你刚刚购置的心仪已久的美丽沙发？你将不得不做出选择。你所做的选择关乎历史记忆和意义，我唯一可以说的是，应该尽可能地尝试理解并尊崇价值，从而做出最贴切的选择。“做出选择的本质可以从做出选择的来源中找到。”[15] 建筑师不是最终做决定的人，但有责任帮助人们明确什么是美好的、什么是重要的，从而帮助社会做出正确决定。

Z：作为建筑师，您可以利用您的知识告诉人们什么是美好的事物，以及美好的价值。您认为您定义的美好与公民所理解的美好一样吗？

---

15 The essence in making a choice is found in the source from which the choice is made.— C.H.C.F. Kaan 资料来源：https://www.tudelft.nl/bk/over-faculteit/hoogleraren/prof-ir-chcf-kaan/。

K：对我而言，美好更多地指向舒适性，令自己和他人在视觉、使用等方面感到舒适的事物。在平淡无奇的城市里创作出漂亮的建筑，起码可以弥补这个世界已经被无数人和事扰乱的糟糕状态。多付出一些努力和关注，能创造更美好的生活方式——这就是我喜欢建筑师这个职业的原因。

S：最后一个问题，非常简单。您能否用简短的关键词来总结一下您对历史建筑保护或改造项目的经验或想法？

K：对我来说，它们就像是一台“时光机器”，我喜欢与时间共舞。大约半个世纪前我第一次去意大利时，我站在罗马神庙里，生命中第一次无比强烈地感知到“遗产与纪念物”的凝重质感和精神意义。因为在那儿，我真切地感受到了历史“原真的呈现”。同样，如果你走近伦勃朗或任何一位画家的画作，用心体会，你就会感受到他的画笔留下的独特痕迹，因为他的画作也是从历史之初流淌至今的真实存在。这对我来说就是时光机器——它使历史无限接近现实并使其异常真实。过往的未来、现实的追忆交织如歌。当你触及三百年前某一个人也曾轻轻触及过的那一件东西时，真实与历史即永存于经验之上了。

（原文发表于《建筑师》2020.01 刊，孙磊磊，[荷]卡斯·卡恩，朱恺奕，有改动）

参考文献

[1] 张松 . 城市建成遗产概念的生成及其启示 [J]. 建筑遗产，2017（03）：1-14.

[2] 孙磊磊，闫婧宇，薛强 . 集群空间的“结构性”重塑：数字方法介入“历时性”城市更新的可能性 [J]. 新建筑，2018，179（4）：28-33.

[3] Gianpiero Venturini, Luca Chiaudano. Past, Present, Future：Interview with Kees Kaan [EB/OL]. (2017-11-29) [2021-01-08]. http://kaanarchitecten.com/video/past-present-future-present-interview-kees-kaan/

图片来源

图 1-1：作者绘制

图 1-2：荷兰最高法院沿街立面 © KAAN architecten

图 1-3：荷兰最高法院沿侧立面透视图 © KAAN architecten

图 1-4：布拉班特三角洲水务局庭院与建筑外观 © Sebastian van Damme

图 1-5：布拉班特三角洲水务局庭院总平面图 © KAAN architecten

图 1-6：布拉班特三角洲水务局庭院柱廊透视图 © Sebastian van Damme

图 1-7：比利时皇家美术博物馆室内展厅透视图 © KAAN architecten

图 1-8：比利时皇家美术博物馆剖面图 © KAAN architecten

图 1-9：伊拉斯谟医疗中心平面图 © KAAN architecten

图 1-10：伊拉斯谟医疗中心室内透视图 © KAAN architecten

图 1-11：伊拉斯谟医疗中心屋顶构造大样 © KAAN architecten

图 1-12：伊拉斯谟医疗中心总体鸟瞰图 © Marco van Middelkoop

图 1-13：梦想商店外观图 © Sebastian van Damme

图 1-14：梦想商店总平面图 © KAAN architecten

图 1-15：梦想商店平面图 © KAAN architecten

图 1-16：梦想商店外立面细部 © Sebastian van Damme

图 1-17：荷兰罗宫博物馆展厅与地下空间轴测图 © KAAN architecten

图 1-18：荷兰罗宫博物馆地下过厅透视图 © KAAN architecten

图 1-19：鹿特丹中央邮局外观 1 © Christian Richters

图 1-20：鹿特丹中央邮局外观 2 © Christian Richters

图 1-21：鹿特丹中央邮局建筑室内双层楼板 © Christian Richters

图 1-22：鹿特丹中央邮局大楼西立面图 © KAAN architecten

图 1-23：鹿特丹中央邮局大楼南立面图 © KAAN architecten

附录 Interview Questions (Designed by Leilei Sun and Kaiyi Zhu)

1.We notice that on your company website, you use the term "preservation" to describe such kinds of projects, but on ArchDaily, they call it "refurbishment". We understand that every architectural company may have its own preference, so, in general, what are your attitudes to historic architecture-related projects based on your own understanding? Currently, what is the approximate proportion of such projects in your company?

2.Compared with new construction projects, what are the distinguishing and special aspects you have noticed in historic architecture "refurbishment" projects?

Here are some questions related to the project process of historic building preservation:

3.What are the overall process of a historic architecture "refurbishment" project in the Netherlands?

4.Would you please explain what is the way for architects to get a historic architecture "refurbishment" project (such as bidding, commissioning, etc.)? As we know, bidding has occurred more frequently recently, how do you think about such movement in our working environment?

5.What are the factors that could affect the completeness of your historic architecture "refurbishment" projects during the whole executive process?

6.Looking back at those mentioned factors, what are your method and strategy to overcome the difficulties?

7.Based on existing heritage-related legislation, would you please explain as an architect how to deal with these principles and regulations to achieve your own goal in design?

8.Among all your "refurbishment" projects, what are the designated levels that your projects may refer to? We know that in the Netherlands the government offers subsidies if a building is designated. How did your team deal with such governmental support in the past projects? For non-designated historical buildings, what are the differences of treatment and are there any other political preferences offered by authorities or organizations?

9.How does the government supervise project approval, examination and management within the whole process? As groups who can provide strong opinions, how do civil organizations' supervisions work in each historic architecture "refurbishment" project?

The following questions will focus more on architects' role, power and effects (if we have) in such kinds of projects:

10.What is the role of architects at all stages of a historic architecture "refurbishment" project in the Netherlands? Can you explain your role and effect at different stages with specific examples, such as B30 and Education Centre Erasmus MC?

11.What is the position of your architectural team in a historic architecture "refurbishment" project when working together with managers, investors, constructors, building users and civil organizations?

12.How do you cooperate with people from multi-discipline of structure, interior, hydropower, fire safety, heating system, etc. in historic architecture "refurbishment" projects? For example, in old and new buildings, the standards for energy consumption and fire safety can be always changing. How can you balance the differences between past and present?

13.What factors could affect an architect's decisions in a historic architecture "refurbishment" project? Do suggestions and opinions from heritage conservation experts matter in such projects?

Here are some questions related to difficulties and experience in "refurbishment" projects:

14.What are the theories or experiences that have influenced your way of thinking of and dealing with historic architecture and places? Does your educational background influence your ideas?

15.How do you estimate your company's heritage-related projects from a critical perspective? Have your company ever made cases that you are not satisfied with? For example, because of limitations or real problems, some of your initial ideas cannot be achieved.

16.What are the design strategies within a historic architecture "refurbishment" project? Would you please very kindly explain with specific cases from your projects?

17.The amount of existing buildings is increasing, and accordingly, what are the requirements and tasks for architects like you and your design team facing such situations and challenges?

18.So far, we have talked a good many aspects regarding project management, regulations and design strategies. Among all these points, what are the main difficulties for architects within a historic architecture "refurbishment" project?

19.Would you please very kindly use 2-4 words to describe your experiences related to historic architecture "refurbishment"?

20.Compared with other Dutch architectural companies, what are the special identity and advantages of your company in design and operation when dealing with such "refurbishment" projects?

文化、经济、历史维度下的荷兰建筑遗产改造实践

Dutch practices of architectural heritage transformation under cultural, economic and historical dimensions

2

变化即永恒

Change is Eternal

遗产是一个高度可塑的概念，并会随着社会环境的演进而不断变化，其实质和意义也随着社会发展进程被一次次重新定义。地处欧陆，受时代浪潮和周边国家意识形态的影响，荷兰政府对文化遗产系统性的关注起步于 19 世纪后半叶。在这个时期，文化遗产保护经过超过一个世纪的发展，已经立足于各个国家自身的文化背景之上，形成了个性鲜明的不同流派。在各流派的激烈碰撞和融合中，工业革命的到来同样也给当时较为保守的遗产保护理论和方法带来了巨大的冲击。“革命”推动了产业科技的进步，但是同时，历史建筑作为旧时代统治权力和“腐朽”观念的象征，也遭受到了不同程度的破坏。在荷兰，为了对抗腐朽的文化和权力以及获得大量可被开发的土地，无数有价值的历史建筑于 19 世纪被拆除。面临这样一个城市发展和遗产保护的转折点，如何协调城市扩张和遗产保护的关系就成为一项全国性的任务。荷兰史学家、律师、社会活动家维克托·德·斯图尔斯（Victor de Stuers）在这段特殊的历史时期身先士卒，带领了一批志同道合的志愿者多次奔赴历史建筑的拆除现场，试图减缓它们消亡的速度。这也成为被众人所认同的、荷兰建成遗产保护的开端。通过三十年的努力（1903—1933）从业者们根据调查逐条记载，并于 1933 年汇总出省级荷兰艺术和历史古迹名单（Provincial List of Dutch Monuments of Art and History）。开端于 19 世纪后半叶，遗产保护的理论和实践在荷兰发展了近百年，才逐步被大众所认可，并在立法层面受到国家的重视。这场旷日持久的遗产运动极大地加强了荷兰社会对于历史建筑的关注，该名单也成为在荷兰遗产保护立法后，对遗产进行登录的重要参考依据[1]。值得一提的是，期间荷兰政府于 1903 年时设立国家委员会（National Committee），并任命荷兰著名建筑师皮埃尔·库贝（Pierre Cuypers）为该委员会的负责人。这项举措在无形中奠定了建筑师以及其个人身份在整个荷兰遗产保护体系中的重要地位，并保证了该群体在介入历史建筑保护项目时的主导作用。专业人士领导下的共同努力和系统化的研究最终促成了 1947 年荷兰的遗产保护部门（Netherlands Department of Conservation）的正式成立。荷兰政府也在 1961 年立法，颁布了第一部全面的与遗产相关的《纪念物和历史建筑法案》（Monuments and Historic Buildings Act 1961）。

立法体系的建立和发展，在推动了登录建筑和古迹保护实践在荷兰逐步规范、完善的同时，也带来了诸多现实问题。在全球遗产语境的发展中，荷兰历史建筑保护从

1　本书中“登录建筑”泛指在各国立法体系内被列入保护名单的历史建筑，对应英文单词 listed building；而这些历史建筑和区域被列入保护范畴的状态，在文中被统称为“被登录”，意味着被登记收录在需要被重点保护的对象名单中。

业者试图为这些在动态变化中有可能面临衰败困境的历史建筑寻求新的出路。自20世纪60年代开始，受二战创伤的影响，被收录在荷兰国家古迹和历史建筑登录名单（Dutch National Register of Monuments and Historic Buildings）中的遗产数量就在逐年递增。截至2018年底，被收录的遗产已高达61 908处（图2-1）[2]。其中，超过90%的建筑都是广泛分布于各地的公用、民用建筑（图2-2）。对于这些公用、民用建筑来说，登录体系所带来的"荣誉"在20世纪初较为保守的遗产语境里也同时为它们套上了"枷锁"，既限制了这些历史建筑转型的可能性，也削弱了它们与飞速前进的现代社会的联系。除了因原始建造材料的损耗和衰败，人类生活方式随着科技进步而产生的改变，也使得许多历史建筑不再符合现代生活的需求。因此，在遗产话语演进的过程中，也在澳大利亚和北美的一些地区出现了被广泛运用于当代的适应性改造（Adaptive Reuse）策略，以应对日益显著的对于遗产现代性的需求。20世纪末的遗产话语爆炸带来了"现代纪念物悖论（Modern Monument Paradox）"。现代纪念物不但可以被理解成现代遗产本身，也可以通过使历史建筑在现代社会中发挥可持续的、惠及后代的功能而被赋予更丰富的内涵[3]。虽然，包括改建、重建、拆除等看似激进的策略，都被国际古迹遗址理事会（ICOMOS）澳大利亚国家委员会纳入了《巴拉宪章》（Burra Charter）的内容[4]，但从某种意义上来说，这些开放的策略与传统的遗产保护原则却存在着不小的冲突。包括于1994年在日本通过的《奈良真实性文件》（The Nara Document on Authenticity），在挣脱开欧陆遗产话语的前提下，它的出现也是为了延伸真实性原则在非物理层面的意义，以丰富遗产实践的可能性[5]。由此可见，无论是遗产概念本身（包括其内涵和范围），还是与之相关的保护实践策略都

2　文中数据均来源于荷兰教育、文化和科学部门下的文化遗产机构（Cultural Heritage Agency: Ministry of Education, Culture and Science）。详见：https://erfgoedmonitor.nl/en。

3　在第十届DOCOMOMO国际大会上意大利保护专家安德里亚·坎齐亚尼（Andrea Canziani）结合之前的研究以及现代遗产保护中遇到的问题，将DOCOMOMO（Document and Conservation of the Modern Movement）组织研究的核心定义为"现代纪念物悖论（Modern Monument Paradox）"。

4　国际古迹遗址理事会（ICOMOS）澳大利亚国家委员会最初于1979年批准实施《巴拉宪章》，后于分别1981、1988、1999年修订。目前通用且唯一标准的版本是《巴拉宪章》1999年修订版。该宪章着眼于遗产保护的文化重要性，并提出"重建""改造"等顺应时代发展的修复保护概念。详见：https://wochmoc.org.cn/home/upload/file/201811/1543199003678020527.pdf。

5　《奈良真实性文件》是在日本政府文化事务部的努力下促成的，其目的是为了挑战自《威尼斯宪章》（The Venice Charter）以来固有的对于"真实性"的评判标准。该文件认为在任何情况下都应结合相关文化背景再对遗产项目加以考虑和评判，要尊重文化多样性，以及被殖民主义压制的少数民族的集体记忆。

是在不断变化中逐步被社会接受和认可。受地理地质条件、经济文化背景、历史发展进程等诸多因素的影响，国际公认的文件在不同地区都会被当地政府、学者、公众释义成为符合当地需要的、方便实际操作的具体内容。长期承受来自恶劣自然环境的锤炼，荷兰的文化内核则主要反映在主动积极的创造精神以及与生俱来的危机意识两个层面。这样的群像特征折射在遗产保护的实践中，也表现为实用性与创新性并置的理念和策略。

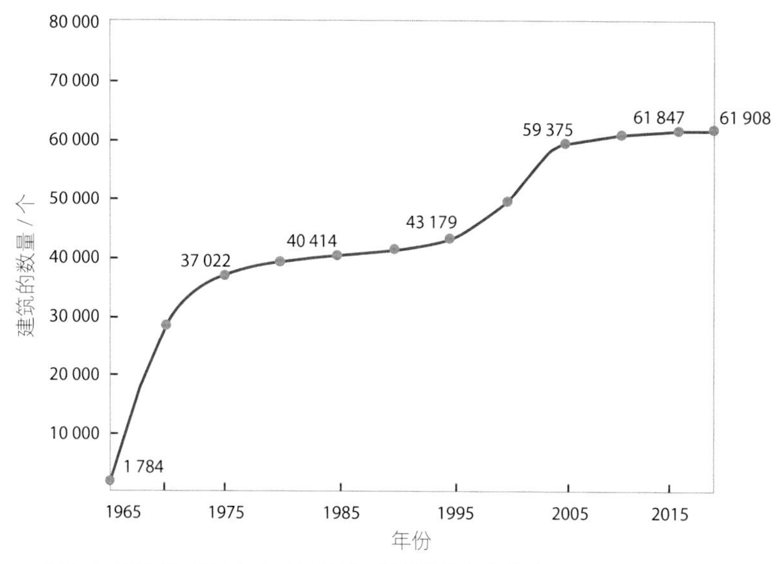

图 2-1 1965 至 2018 年间荷兰登录建筑的数量变化曲线图

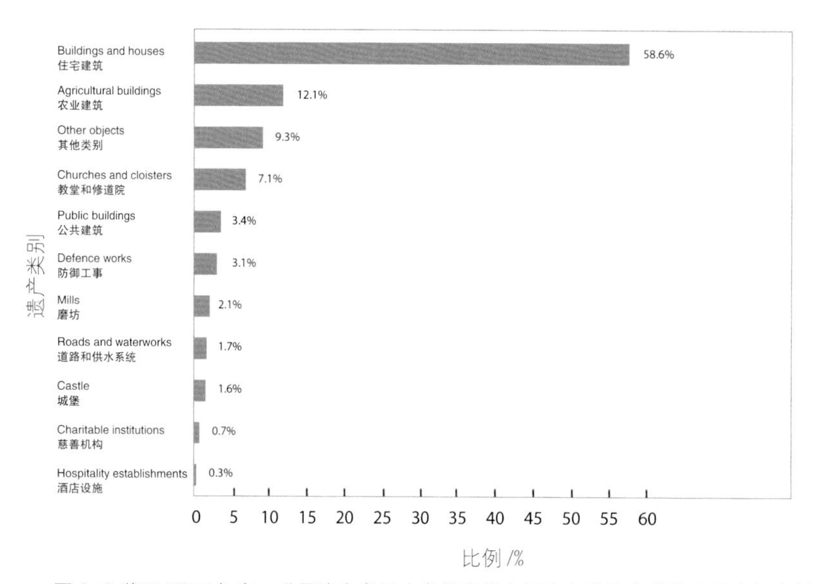

图 2-2 截至 2018 年底，登录遗产名录中各类建筑在历史文化遗产总数中所占的比例

1 荷兰语境下的遗产活动对全球遗产话语转变的影响

自 1961 年立法以来，荷兰的从业者乃至全社会在遗产问题的研究和发展上颇有建树，也对推动整个世界遗产话语的进步有着不可忽视的重要作用。立足于本国文化，应对轰轰烈烈的全球化浪潮和现代革命，两起标新立异的事件或多或少地反映了荷兰在遗产保护中多元包容、与时俱进的文化特征。无论是 1975 年签署的《阿姆斯特丹宣言》（Amsterdam Declarations）还是 1990 年在艾恩德霍芬（Eindhoven）成立的 DOCOMOMO 国际组织，都是为了积极应对愈来愈快的经济、技术、文化、艺术、科学的发展，以及正视和解决城市扩张对建成遗产所造成的正面或负面的影响。

签署于 1975 年的《阿姆斯特丹宣言》是彼时欧洲建筑遗产年最重要的事件。此次大会全面考虑了建筑遗产的文化价值、教育意义、公众参与度等方面的因素，强调以及明确了诸多要素[6]。该宣言最突出的贡献在于提出并通过了关于“整体性保护（Integrated Conservation）”的概念。“整体性”包含两方面的含义：其一，大会成员认为建筑遗产的内容不仅限于卓越精美的建筑单体本身，还包括与其相关的周边环境，这种环境小至一个街区，大至一个乡村乃至城镇所处的具有历史文化意义的区域；其次，建筑遗产保护需同时关注物质和非物质层面的双重价值。在改造中，参与者除了要考虑保留建筑有历史、文化、美学价值的片段（包括立面、屋顶等），而且要符合时宜地，强调该建筑在不同历史时期的使用价值以及其对人类社会发展不可忽视的推动作用。同时，基于对“整体性保护”的考虑和对长远发展的野心，大会成员认为随着时间的推移，当代建筑终有一天也会有成为遗产的可能，而在此之前，人们应该在设计、施工、建设的过程中秉承信念，营造出历久弥新、可长久屹立于历史长河中的建筑，以达到可持续发展的目的。进入 20 世纪，长久以来，建筑师都因其身份立场的不同，被尴尬地排除在历史建筑保护改造的范畴之外。人们似乎更愿意承认，寻找出应对建成遗产的策略应该是遗产专家的事情。该宣言的提出，不但让建筑师在遗产话语的闭环里找到了自己的一席之地，也为历史建筑的改造打开了新的局面，承认了现代性对遗产改造的积极影响，以及建筑本身随着时间推移而成长流动的价值属性。

此外，基于对现代建筑有朝一日也会成为历史文化遗产的信心，DOCOMOMO 组织于 1990 年在荷兰艾恩德霍芬成立。DOCOMOMO 是“现代运动记录与保护”的缩写，旨在强调和记录有价值的现代建筑，并将信息传递给予建设相关的部门和专业人员。第

---

6 《阿姆斯特丹宣言》通过于欧洲建筑遗产大会，对于历史城市的保护有重要的指导意义。资料来源：https://wenku.baidu.com/view/39a116f804a1b0717fd5dd51.html。

二次世界大战结束后，荷兰许多城市都被夷为平地、百废待兴，荷兰城市中大量的建筑都落成于 20 世纪中后期。虽然大部分欧洲国家已经在文物古迹的保护问题上达成共识，但现代建筑的保存和保护却由于保守派别的偏见而面临着较大的生存难题。意识到这一事态的严重性，荷兰当局在国家和地方分别成立了隶属于各级政府的遗产评估委员会[7]。在各个涉及历史建筑改造的项目获得动工许可之前，国家和地方政府可以根据该建筑的登录级别要求业主提交文化价值报告，并对其进行评估[8]。每个委员会中，除了包含一位长期任职于政府部门的组织者外，评估委员会成员主要由景观规划设计师、任职于政府职能部门的建筑师、地方居民等组成。由于每个专项中只会有一人被选中加入委员会，这样的组织架构不但可以保证方案实施前，利益相关各方势力、权力的平均分配，也可以保证高效、无误的信息交流和沟通。这一架构的存在充分地发挥了个体在历史建筑改造中的作用，真正落实了公共参与的平等共生理念。

这两件对于世界遗产话语都有推动意义的事件，除了体现出荷兰人与时俱进的创造精神和危机意识外，也反映出他们善于沟通的群像特点。这样一种善于沟通协商的特点，不仅体现在人与人的沟通上，也同时体现在人与自然、人与环境、人与历史等诸多关系的沟通之中。这种立足于实际、放眼于未来的关于遗产复杂性的探讨、革新和创造，之所以能够自然而然地发生在荷兰，很大程度上和其由来已久的“圩田模型（Polder-Model）”和以此形成的宽容性社会密切相关[9]。作为典型的低地国家，荷兰独特的自然地理条件和常年泛滥的洪水迫使人们必须居安思危，拥有强烈的生存意识。伴随这种与自然环境、城市发展协同共生的理念，面对二战后激进的、由工业化和全球化主导的城市重建，消除历史痕迹的风险也理所当然地在荷兰引发了关于“如何对待过去的建筑和城市纹理”问题的讨论，形成独树一帜的遗产保护话语体系和操作策略。

7　因行政级别不同，国家和地方各自的遗产评估委员会互相独立、互不干扰。国家遗产评估委员会不参与省、市级受保护纪念物的改造方案评估。即使是面对国家古迹，在两级评估委会都参与的情况下，考虑到省、市级遗产委员会更大程度地考虑当地人口的切身利益和需求，他们对于遗产报告的最终决定权也大于国家委员会。

8　依据荷兰政府颁布的《环境法案通则》[General Provisions of Environmental Law Act (Wabo)]，在业主进行遗产改造设计前，需申请并获得可以进行施工的环境许可证（Environmental Permit）。其中，所有涉及被登录建筑的项目都需要向地方遗产评估委员会提供报告，如果该建筑同样属于国家遗产，则需要同时向国家遗产评估委员会提交报告。资料来源：https://www.monumenten.nl/onderhoud-en-restauratie/wetten-en-regels-bij-monumenten。

9　荷兰政治家伊娜·布劳威尔（Ina Brouwer）在她 1990 年的文章中第一次将这样一种长期和自然搏斗的经历定义为“圩田模型”并认为这是一种社会主义理念的体现，是在实践中达成平等主义和基本共识的实践模型。资料来源：https://www.nrc.nl/nieuws/2002/04/22/poldermodel-7586691-a456062。

2 荷兰独特的空间规划政策及其对遗产保护实践的意义

受《阿姆斯特丹宣言》和 DOCOMOMO 的影响，荷兰政府于 1999 年正式颁布了“Belvedere”空间规划政策，对历史文化遗产的保护和再利用有着革命性的推动作用[10]。该名为“Belvedere”的荷兰语概念，同时包含英语里“保护”（Conservation）和“发展”（Development）的双重含义，被翻译为“通过发展进行保护（conservation through development）”[11]。实际上，该“通过发展进行保护”的国家政策也是对于早前颁布的“文化政策（Cultuurnota 1997—2000）”和“建筑政策（Architectuurbeleid 1997-2000）”计划目标的详细阐述。其核心目标认为：历史文化身份的意义将在城市空间布局中发挥越来越重要的引导作用，而国家政府应该为保证历史文化身份在设计中的充分发挥创造优质的利好条件，以此强调历史文化价值在空间规划设计层面的重要意义。在这里，设计者们必须仔细审视文化身份所蕴含的多层意义。“Belvedere”政策主要涵盖了六个方面的内容，包括：其一，由于人们对于历史环境的认同感和参与感是不断变化的，这需要设计者为历史文化遗产在城市或地区个性化的发展中找准定位，并充分发挥它们在引发城市居民情感共鸣中的纽带作用[12]；其二，受全球化的影响，人们生活在一个边界愈发模糊的时代，这种由跨区域交流带来的文化融合和互通则要求荷兰本土设计师在进行空间规划设计时保留城市景观和建成环境中独特的历史性元素，以确保国家固定文化身份特征的内容可以在多元文化的冲击下依旧可以被巩固和延续；其三，由于和历史建筑有关的一切都是关乎延续性的问题，从教育的角度来看，为青少年一代树立正确的历史观，让青年人坚定历史文化遗产的非凡意义对城市的可持续发展有着重要推动作用；其四，在制定空间发展策略时，设计师需要意识到历史文化遗产在时间长河中的纽带作用，作为过去的终结和未来的起点，历史建筑可以成为设计灵感的来源并

---

10 该政策文件于 1999 年颁布是被命名为“Belvedere Memorandum”后被更名为“Nota Belvedere”，其官方解释为“一份用于检查文化历史与空间规划之间的关系的政策文件（A policy document examining the relationship between cultural history and spatial planning）。资料来源：http://publicaties.minienm.nl/documenten/nota-belvedere-the-belvedere-memorandum-beleidsnota-over-de-rela。

11 不同的学者在翻译荷兰语“Belvedere”一词时所选择的具体英语词汇会有些许差别，本文中采用的“conservation through development”是作者约翰·斯科菲尔德（John Schofield）在著作 The cultural landscape and heritage paradox: Protection and development of the Dutch archaeological-historical landscape and its European dimension 的书评中用到的表达。

12 在荷兰，城市、乡镇、乡村在城市规划层面并没有明显的区别，被统一称为“Stad”。这里用到的“城市居民”一词泛指生活在荷兰各个特定区域内的人们。

起到承前启后的作用；其五，荷兰作为农业大国，其农业生产规模的不断扩大限制了城市景观的发展，但同时，农业景观和城市景观之间也存在一定的流动性和共同性，为了维护整体景观带完整性，设计师需要在其中寻求平衡，充分保护和挖掘古老景观的生态和美学价值，维持区域的多样性发展；其六，由于历史文化元素对娱乐和旅游业的发展有着强烈的带动作用，利用好历史建筑也会为区域带来良好的经济利益。结合文化认同感、国家身份、教育、创新来源、景观多样性以及经济效率六个方面的内容，使得“Belvedere”政策在提出的同时，就得到了住房、空间规划和环境部门，农业、自然管理和渔业运输部门，公共工程和水资源管理部门，以及教育、文化和科学部门等四个不同国家职能部门在立法层面的认可。对于历史建筑的更新改造而言，“登录建筑”的名目不再是唯一衡量改造策略和措施的标准。诸多参与者在实践中，更多的是要考虑在“Belvedere”政策框架下，如何通过保护改造策略实现历史建筑在以上六个维度中的价值。这种令人耳目一新的遗产观由于其前瞻性和可操作性在荷兰被广泛使用。由国家政府颁布的法律法规一方面有效地预防了历史建筑在城市发展中可能遭受的破坏，另一方面保障了个人的创作理念在具体实践操作中可以被充分地表达和落实。在这种前提下，许多荷兰设计师都试图在遗产改造的过程中，通过寻求建筑新功能、新材料、新组织架构的方式，最大限度地激发原有历史景观、房屋和场地在改造设计中的价值，从而建立一种可延续的、动态的建筑叙事。

3 动态的遗产策略：以荷兰建筑遗产改造为例

荷兰的城市发展和其典型的宽容性社会特征在遗产领域表达出的是一种更具活力、更关于变化本身以及寻求可持续发展的综合的保护策略。立法层面对于“Belvedere”概念的认可，很大程度上促使荷兰本土的遗产保护从业者们在实践中更多地去考虑历史建筑自身动态的“身份（Identity）”问题，而不是执着于传统意义上对于遗产“真实性（Authenticity）”的追求。自适应性改造策略兴起之初，遗产转型的理念就以后来居上者的姿态传至欧洲和全世界，并愈演愈烈。天性包容的荷兰人迅速地吸收了这样一种先进开放的观念。20 世纪 90 年代以来，以 Mei、KAAN、MVRDV、Mecanoo 和 Group A 为代表的荷兰本土知名建筑事务所和明星建筑师们抓住机遇，拥抱与历史叙事相关的建筑设计，并逐渐开始在众多遗产改造的项目中掌握话语权。然而，适应性改造策略并没有为此而收获大众或遗产专家的高度赞扬：一些现象表明，该策略从某种程度上变相地成为投资商和明星建筑师们集体狂欢的手段，是为达到项目推广目的而使用的“遮羞布”。以中国现代遗产的实践为例，类似于上海建业里改造、巨鹿路 888 号重建等备受争议的项目一段时间内层出不穷，也相继接到有关部门勒令整改的通知或引起社会大众的不满。种种迹象正暗示了历史建筑改造实际操作中所面临的困境。早在 1957 年，意大利修复专家切萨雷·布兰迪（Cesare Brandi）就提出，在遗产保护修复中关于“怎么办”的实际问题显然是更严峻的[13]。事实上，由于现代遗产建筑的特殊性和争议性，在二战后几十年的讨论、实践与批判中，遗产专家们的目光依旧聚焦在“为什么”而不是“怎么办”。一直以来，关于现代遗产保护和改造的问题都停留在解释此类遗产重要性的节点上，以及浪费了太多笔墨和时间在阐释现代遗产和历史文化的关联性上。如此教条的发展步调不但导致真正亟待规范的操作层面的问题被忽视，也催生出众多看似“百花齐放”的不可逆的戏剧性后果。

荷兰的遗产保护改造实践者们认为，在遗产改造中，建筑设计、文化价值和先进技术三足鼎立，缺一不可[14]。抛开集体狂欢的念头，在这种情况下，如何让建筑师有效地融入现代遗产改造实践，建立遗产专家、城市居民、环境专家、工程师等都认可的遗产叙事闭环和统一话语就显得尤为重要。着眼于遗产保护改造，建筑师作为提供设计方案的主体，需立足当代、调动自身资源和优势，以中间人的立场和过去及未来进行沟通，和各个专业、各个领域的参与人员进行交流。这种演变或遗产运动的本质不仅仅关乎建筑设计本身，还旨在建立设计师和遗产保护专业人士，以及整个社会之间的密切关系。“整体性保护”的概念被提出后，荷兰遗产学界对于全球化、资本主义、后殖民主义等现象的反思推动了动态遗产策略的产生。对于所有遗产而言，无论人们试图用何种意义去诠释它们卓越的价值，这样的价值认知都是根植于其所处的特定时代和环境之下的。某种价值认知的形成与其所处的地理环境、经济条件、社会文化等诸多要素密切相关，也在很大程度上处于一种随时会发生变化的活跃的状态之中；同时，即使同处一个时代，受教育背景和各自宗教、政治立场的影响，也导致“遗产”不会成为所有人的遗产。早在 18 世纪末期，人类就开始借用他们所处时代的意识形态赋予历史建筑和文物古迹在社会中脱颖而出的地位和权利。因此，无论是对于历史文化遗产的价值判断还是相对应的策略方法，关于遗产的诸多问题都不是一成不变的，

---

13 此处遗产保护领域的问题是布兰迪在 1957 年发表的文章《塞尔索和诗》（*Celso o della Poesia*）中提到的，并由安德里亚·坎齐亚尼（Andrea Canziani）在 DOCOMOMO 大会中再次强调，由此可见，无论是传统的遗产保护还是现代的遗产问题，人们始终会面临被“为什么”桎梏而停滞不前的问题。

14 在荷兰代尔夫特理工大学建筑学院的建筑遗产设计课程中（Heritage & Architecture），师生们长期以来遵循设计、文化、技术三足鼎立的基本教学法。在每学期正式出版的教案中，这样的认知都会被反复强调。详见：https://books.bk.tudelft.nl/index.php/press/catalog/book/697。

而只有时间才可以给出最终的审判。结合荷兰“Belvedere”国家政策和国际宪章的主要内容，将荷兰建筑师对历史建筑的保护改造实践诠释为三种主要策略：动态的文化策略、动态的经济策略以及动态的时间策略，以此阐析动态遗产策略在当代社会的实现，及其对于现世和后世的实际意义。

3.1 动态的文化策略

动态文化的概念涉及两个维度的内容：一方面，随着时代和社会的向前发展，各地本土文化和传统思维方式所包含的内容不断更迭，形成连贯的文化叙事脉络；另一方面，由于频繁的跨国交流、人口迁徙引发的同一片土壤中各种背景和认知的相互碰撞，形成了由点及面的丰盛文化内涵，扩充着人们对于文化内容深度和广度的认知。从某种意义上来说，这种流动的“文化”是社会复杂性所带来的人类动态“身份”的具体表达。全球人口流动变得日益频繁的 21 世纪，为多元社会和多元文化的形成带来契机，也预示着同一区域内不同文化族群的形成和他们动态身份的建立，这也给遗产活动带来诸多可能性。由此形成的动态身份的概念也伴随后殖民主义、全球化等议题的日益白热化，在许多国际宪章和文件中被提及，并得到了联合国教科文组织（UNESCO）的认可和普及。那么，当落实在具体实践中时，由于文化或身份感的抽象性，建筑师是否能够通过对历史建筑的改造向公众传达这样一种多元文化和国家身份的概念，就很大程度上取决于使用者在使用时的直接感受。换言之，对建筑遗产进行改造的目的在于突出该建筑在特定社会环境中与人的互通关系：一方面在于通过建筑本身向外“传达”文化的意义，另一方面则在于作为容器从外部“接收”并融合多元文化的内容。

在诸多建筑类型中，博物馆建筑由于其自身特定的历史文化价值和场馆内所能容纳的信息，而被认为是与文化具有最紧密联系的一种建筑类型。以荷兰阿姆斯特丹国立博物馆（Rijksmuseum）为例，该历史建筑始建于 1885 年，由荷兰著名建筑师、第一任荷兰遗产国家委员会负责人皮埃尔·库贝主持完成。该建筑作为阿姆斯特丹曾经的南大门历经百年沧桑，因其特殊的地理位置、社会身份，承担着表达国家形象和承载文化积淀的重要使命。20 世纪，该博物馆基于展陈的需求历经多次修复改造。遗憾的是，这些修复改造不但使得游客参观动线变得复杂，也让建筑整体环境变得沉闷压抑。1999 年后，伴随着“Belvedere”政策的推行，荷兰人对建成环境有了不同的思考——回归本心并立足国家发展的根本，以一种多元包容的整体视角去考虑每一栋历史建筑在区域环境中应该扮演的角色和作用。基于此，在 21 世纪新一轮的十年改造中，撇开材料新旧、展陈秩序等细枝末节的问题，建筑师对博物馆整体的循环系统

图 2-3 阿姆斯特丹国立博物馆入口大厅以及游客集会场所

图 2-4 位于阿姆斯特丹国立博物馆外部的城市南大门街道和行人

（包含大厅、展厅及后勤服务区）进行了重大调整。改造后的国立博物馆不再是传统意义上储存展品的固化容器，而是变成了一处综合性的集会场所、一个对外展示的媒介窗口、一个足以容纳大量游客的文化传播机器。博物馆下沉入口大厅优越的可达性、开放性和可观察性一方面为在内部参观的国内外游客提供了一个文化碰撞、交流集会的场所，另一方面也为在城市内匆忙行走和骑行的市民提供了一处可供视线停留、身体驻足观望的场所，使得国立博物馆成长为一个真正容纳多元文化和多样生活的“容器”（图 2–3、图 2–4）。

相比于 20 世纪在改造中更专注于专业修复和针对单一功能场地升级的做法，当下以吸引人群、创造集会场所为目标，强化文化建筑的社会效应为核心的理念正在以一种强势的姿态渗入到博物馆类历史建筑的修复改造中[15]。阿姆斯特丹国立博物馆的成功转型给类似改造提供了新思路。又如，在 2014 年对由贝尔拉格（Hendrik Petrus Berlage）设计的海牙市立博物馆（Gemeentemuseum）进行改造的项目中，建筑师乔布·鲁斯（Job Roos）以保留贝尔拉格的最初设计遗产、尊重现存状态为出发点，重新设计了原本空旷的中庭空间。全玻璃结构的屋顶为原来的博物馆增加了七百多平方米的面积，这里可作为集会空间、咖啡厅、休息厅、多功能展厅，以满足现代社会更加丰富多元的空间需求（图 2–5）[16]。同样，作为有纪念性意义的公共教育建筑，荷兰代尔夫特理工大学建筑学院（Bouwkunde）在 2008 年大火之后，选择的改造策略与博物馆类历史文化遗产群体有异曲同工之妙。MVRDV 事务所作为五家参与改造的公司之一，充分利用这栋历史建筑的合院空间，在加盖透明屋顶形成室内空间的同时，并没有为新形成的超大空间设限而进行具体的空间划分。设计师们提倡流动的、复合的、激发偶然性的空间质感。醒目的橙色阶梯一方面为大中小型讲座、研讨会提供了复合型场所；另一方面意在突出学生作为学院主体，强化其高于教师群体的主导性身份特征（图 2–6）[17]。换言之，在该栋历史建筑改造之初，建筑师们就已经充分考虑到学校作为文化传播的载体在整个遗产体系中不可或缺的、对于下一代的引导作用。历史建筑以及众多文化遗产由于其年代特征，常会被年轻一代所忽略。《阿姆斯特丹

15 关于 21 世纪的阿姆斯特丹国立博物馆改造，遗产保护专家米尔斯（Paul Meurs）和凡·托尔（Marie-Thérèse van Thoor）在著作 Rijksmuseum Amsterdam: Restoration and Transformation of a National Monument 中分析了诸多方面的内容，包括：建筑改造和修复、博物馆学意义的延伸、库贝（Cuypers）设计精神的延续、建筑和城市的关系、建筑作为游客承载体的功能等章节。

16 资料来源：http://www.braaksma-roos.nl/project/gemeentemuseum。

17 资料来源：https://www.mvrdv.nl/projects/64/the-why-factory-tribune。

图 2-5 海牙市立博物馆改造后的中庭空间

图 2-6 荷兰代尔夫特理工大学建筑学院橙色大厅

宣言》强调，遗产的价值只有被年轻一代认可才有可持续发展的可能性。代尔夫特理工大学建筑学院在系馆改造时所暗含的动态遗产策略，充分地向年轻学生展示了纪念性建筑活泼多元、开放现代的丰富性，并让他们通过切身体验认可遗产在现代生活中的积极作用，愿意与之产生互动。

综合考察这三个案例，不难发现其中有许多在改造设计层面的共通之处。成体系的公共历史文化遗产改造策略已初现端倪：其一，设计师们试图在同维度的平面空间内利用原有的合院空间围合出集会的场所，以扩大公共活动空间在整体建成环境中的范围，为文化的碰撞和交流提供可能的场所；其二，从三幅平面图中我们不难发现，每一个改造后的历史建筑内，由设计师重新营造出的集会空间由于其在平面中不容忽视的超大比重，有着引导人群、吸引人群、聚集人群，实现多元文化融合的作用；其三，尽管博物馆类建筑和教育类建筑在功能配置上有所区别，在实际改造中，一旦集会场所在空间中的主导地位被确立，功能性房间的分布即可围绕该集会中心展开、扩散延伸，并根据实际操作中的需要，对每个房间的功能设置进行灵活的调整（图 2–7）。随着时间向前推进，每栋历史建筑都必然会一次次地面临需要进行功能结构调整的局面，而这种重点突出却功能配置灵活的改造策略，为后续的修复改造实践提供了良好的物质基础。除了物理层面的意义，从非物质层面考虑，这些改造设计案例也传达出一则关于文化营造的内容，即文化不会凭空产生，它必然发生于人群之中，不管是思想与思想的碰撞，还是内容与内容的交织，都偶发于某个场所中并为新的主流思想的产生埋下伏笔。这也是以发展为目标的荷兰建筑师们在制定遗产改造策略时，会充分强调公共集会空间的营造，并以此丰富建筑遗产的历史文化内涵，以发挥其承前启后的纽带作用的原因。

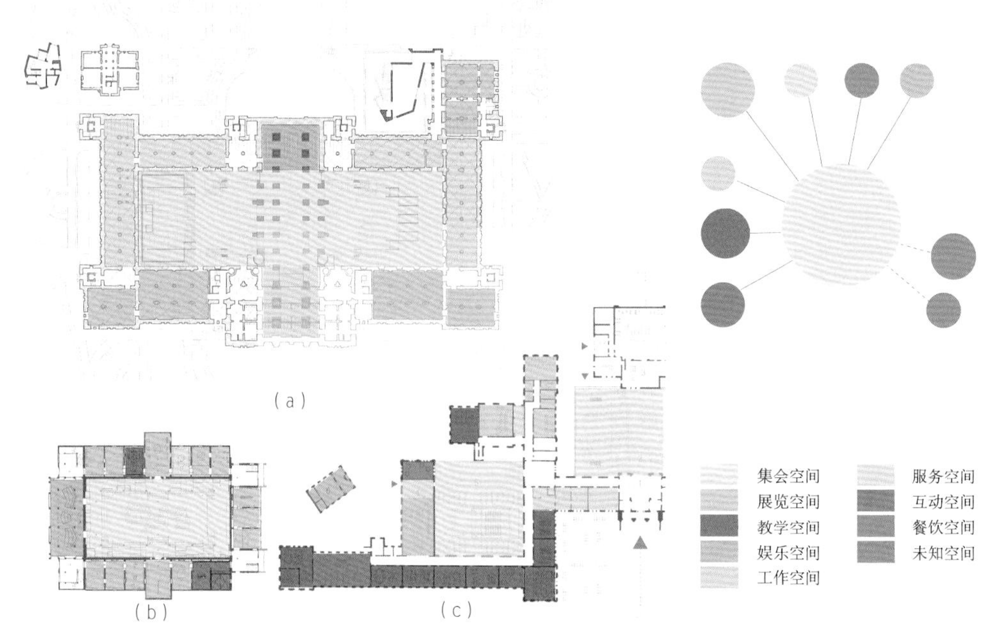

图 2–7 阿姆斯特丹的国立博物馆（a）、海牙市立博物馆（b）以及荷兰代尔夫特理工大学建筑学院（c）的设计策略在平面空间中的比较

3.2 动态的经济策略

荷兰地少人多的先决条件，让公众普遍具有强烈的危机意识，并充分认识到由于土地资源稀缺而导致的房屋供不应求的社会环境。随着后工业时代的到来，大量建造于19世纪末和20世纪初的工业建筑及其相关产业都已不再适应现代社会的发展需求；此外，作为农业大国，荷兰拥有全球最先进的高效农业和精准农业技术，传统的农舍、磨坊、农副产品制造工厂也不再被现代社会需要；同时，随着科学技术的进步和发展，具有浓重象征意义的宗教建筑也逐渐在社会活动中丧失其本来的文化意义，被空置乃至摒弃。但由于例如教堂、塔楼、宫殿等具有强烈符号性质的历史遗产，在其被创造期间受到过全社会的高度重视，即使不再具备强有力的社会凝聚力，都在建造之初就被赋予了与生俱来的、无法被忽视的美学价值，因此，除了简单的拆除、舍弃，如何合理地利用大量的闲置厂房、农舍和符号性建筑，在21世纪也成为荷兰政府进行空间土地规划时需要郑重考量的问题。来自荷兰工程公司（Witteveen+Bos）的工程师研究发现，通过保护和改造遭受严重威胁的历史建筑可以获得远比投入更巨大的收益[18]。即使是针对普通历史建筑的修复改造，这样长远的经济效益也可以体现在其使用价值、娱乐价值、社会价值以及建筑本身具有的遗产价值等方面。

为了长久的经济效益，和修复专家不同，建筑师在改造时会更多地考虑当今社会的现实需求。在荷兰著名的“芝士之都”豪达（Gouda），城里原有的芝士工厂虽然不再发挥旧时生产和仓储的作用，却被列入了国家遗产名录的范畴。为了充分发挥芝士工厂在21世纪的作用，荷兰设计事务所Mei Architects and Planners联合白房子发展战略公司（White House Development）对该建筑遗产进行了改造设计。建筑师们对旧芝士仓库中的部分元素进行再利用，保留原本房屋结构并增设玻璃屋顶，将两栋原本独立的芝士工厂联通，形成中庭，也保证了可以将充裕的光线带入改造后的空间中。这样的策略不但有效地解决了使用舒适度的问题，也通过对自然光线的引入实现节能的效果。建筑改造整体策略上的节能环保导向，以及设计师对城市记忆及其卓越历史价值的刻意营造，进一步吸引了大量民众对项目后期经营的关注，为实现经济收益和良性运作提供了基础[19]。在整个改造过程中，最令人耳目一新的部分就是在单

18 荷兰工程师鲁斯格鲁克（E.C.M. Ruijgrok）在其论文“The three economic values of cultural heritage: A case study in the Netherlands”中认为保护文化遗产是一种有意义的投资，并认为这项活动至少包含了三个方面的经济价值。

19 资料来源：https://mei-arch.eu/en/gouda-cheese-warehouse-is-completed

图 2-8 Mei 根据业主要求设计的住户单元内景

个户型设计中引入了小业主的参与。受遗产保护等级的影响，改造设计必须保证工厂建筑立面保持原有的式样。因此，在 Mei 提交的方案中，改造后的 52 户公寓大小、形式各不相同。考虑到无法提供统一的户型单元设计方案，以及在改造过程中可能会遇到的诸多限制条件，项目提供给各业主自主参与设计的机会：所有业主在购买公寓后，都可以与 Mei 事务所一起为自己的家庭量身定制理想的生活方式及空间方案（图 2-8）[20]。由于采用了合作设计和房产买卖同步进行的遗产改造策略，从芝士工厂还是一处闲置厂房开始到 52 套房屋售卖一空，只经过了三个月的时间，良好的推动了项目的健康发展。在项目进行的过程中，来自 Mei 的设计师和战略公司，打破了人们的固有观念，不再简单地认为“改造设计只是单一的建筑师的工作”。通过充分发挥历史建筑未来使用者在改造策略中的主观能动性，调动每一个参与者的创造精神和团队合作的沟通能力，建筑师在其中才算是真正起到了连接历史建筑过去、现在和未来的纽带作用。

如果说老旧的工业遗存还具有一定的现代性，那么作为传统宗教仪式空间的教

20 资料来源：https://whitehousedevelopment.com/development/kaaspakhuis

堂在面对转型时，则面临着更大的挑战。“伯尔纳之门”医疗保健中心（“De Poort van Borne” Healthcare Center）改造项目的实施开始于 2016 年。尽管该项目由 Reitsema & Partners Architects（RPA）公司主持设计，并由 Key2 施工管理公司（Key2 Bouwmanagement）负责整体建设统筹安排，但在两年的改造过程中，Key2 并没有指定任何固定的供应商或分包商。这就意味着，施工团队和设计师即使在非常后期的改造阶段也可以添加或者修改许多重要的设计内容。这种设计和施工同步进行的改造策略为该医疗保健中心创造了许多惊喜：由于产生于短期内的简短沟通具有良好的可控性，因此可以保证施工准确无误地进行，从而缩减建造中不必要的开支；此外，富有弹性的工作环境，为设计师、供应商、施工单位提供了发挥想象力的空间，这种想象的丰富性不但在改造中加强了建筑的美感，更为改造后得以呈现出缤彩纷呈的效果提供了先决条件；同时，该医疗保健中心的物理治疗师认为，改造元素丰富且活泼的风格使得这座老教堂成功转型成为一处绝佳的疗养之所（图 2-9）[21]。在大部分的改造实践中，受功利主义和唯结果论的影响，人们愈发认为历史建筑改造是一个点到点的过程，从而只关注改造前和改造后的结果呈现。但是，如果参与者可以充分认识到时间以及空间的流动性和建筑叙事的连贯性，就应该可以理解每一个决定和操作流程都可以对最终的结果造成不可逆转的影响。因此，动态的遗产策略不应仅仅体现在变化的结果上，而更应该落实在改造的过程中，体现在利益相关者积极的参与感上，多方有效简短的沟通上，以及受灵感启发并付诸实践的创造力上。

动态的经济策略提倡的是双线并行的操作方法：实现短期利益与长效周期的经济共赢。在历史建筑改造设计的过程中，建筑师的方案常常会由于各种各样现实因素的限制而遭遇瓶颈。从以上两个案例分析中可以发现，除了设计事务所外，具有良好沟通能力的战略管理公司，在改造项目的实施中起到了保驾护航的积极作用。其中值得借鉴的策略包括：其一，不给个体的能力范围设限，并为他们的有效沟通提供平台。事实上，伴随着众筹共建概念的普及，以个人或小型群体为主导的现代遗产改造案例越来越多。从短期利益出发，这种动态的经济策略大大减少了开发企业或个人的投资风险，缩短了开发周期。其二，从预见风险的角度出发，将不利条件转换为适合于长远发展的有利条件。例如，设计师就在芝士工厂改造的过程中引入未来居民参与设计，从而解决了因保护等级高而限制严格的难题。只有从一开始就存留危机意识并与危机共生，才可以在面临困境时，真正落实可持续发展的理念，在遗产改造项目中将建筑

21 资料来源：https://www.reitsema.com/portfolio-items/herbestemming-theresiakerk。

自身的历史价值与其所处的社会价值相融合。其三，对于经济效益的计算和衡量应发生在整个改造项目中，任何简短有效的沟通而带来的成本缩减都应该受到重视。此外，历史建筑改造的成功可以提升区域土地经济的价值，据不完全统计，荷兰境内具有历史价值的建筑物和周边环境，其地价相比于普通区域有高出约 15% 的经济价值[22]。动态的经济策略不仅关乎某一个项目上的短期收益，也关乎一栋历史建筑或者一处历史遗迹的改造对于整个社群发展的推动作用。

图 2-9 “伯尔纳之门”医疗保健中心改造后的内景

3.3 动态的时间策略

谈及遗产，人们往往倾向于理解和接受这个群体已存在的、怀旧的历史价值。然而在《阿姆斯特丹宣言》中，大会成员们明晰地提出“今天的新建筑将会是明天的遗产”的理念，这令当代建筑设计和施工建造获得挑战与机遇兼具的立场与机会[23]。在

22 来源同注释 18，工程师鲁斯格鲁克通过条件评估法（Contingent Valuation Method）对建筑物及其周围环境的历史价值进行测算。

23 ICOMOS 大会成员认为“由于今天的新建筑将会是明天的遗产，应该努力确保当代建筑的高水平”，并在《阿姆斯特丹宣言》中提出“必须保护环境的历史连续性”等相关内容。

我国现有的遗产保护体系里，相当一部分建造于 20 世纪中后期的现代建筑也被列入了遗产名录的范畴，例如上海的曹杨新村、金茂大厦、南京西路建筑群等。受制于建造时代工业技术和周期的影响，我国许多被列入遗产名录的现代建筑，都无法长久地、可持续地屹立于瞬息万变的大都市景观中，这也给历史文化遗产改造更新带来了诸多难题。荷兰设计事务所一直以来给世界带来的印象是抽象而前卫的，无论是 OMA 设计的中央电视台总部大楼，还是 MVRDV 设计的天津滨海图书馆，都可以给观者带来强烈的视觉冲击。然而，根植于荷兰本国土壤，在面对不断变化的城市环境时，深刻地认识到历史的流动性，依然有建筑师更多地表现出严谨而慎思的设计理念。

图 2-10 荷兰最高法院在地图中的位置及其与周边环境的关系

位于海牙的荷兰最高法院重建于 2012 年，在建造之前，多家事务所参与了 2011 年该项目的设计竞赛。地处海牙老城中心，最高法院与众多历史建筑毗邻（图 2-10、图 2-11）。由于周边层次丰富的历史环境，以及最高法院自身庄严肃穆的场所精神，参与竞赛的三家建筑事务所 KAAN、MVRDV 和 Mecanoo 都尽可能地采用明晰克制的体量和持久度高的材料来烘托法院庄严肃穆的气氛；为了兼顾建筑主体与周围环境的交流，晶莹通透的玻璃材质也成为设计的重要元素。Mecanoo 事务所联合 Heijmans 工程公司设计出适应性强的粗犷结构，旨在应对时代的变化以及愈发严格的行业标准，并考虑到建筑在未来的使用及其变化的灵活性（图 2-12）；MVRDV 一改往日追求炫目趣味的形式理念，仅从层叠交错的水平体量与严谨格构的竖向构建中寻求历史环境中

图 2-11 荷兰最高法院以及周边的历史建筑和环境

图 2-12 Mecanoo 事务所为荷兰最高法院设计的概念方案

新建筑的存在样貌（图 2-13）。建筑师们的共识是，身处这样的城市环境，该建筑不仅要在建成后的近五年内大放异彩，还需要承受历史的洗礼并在五十年内甚至更久远的时间长河中依旧能合时宜地发挥作用，高效地为现在和将来的使用者们服务[24]。KAAN 事务所的方案能最后从众多设计中脱颖而出，除了共性因素外，更在于建筑师对“消隐感”以及“呼应关系”的营造和把握。整个建筑优雅自立，与街区低调悠远的历史气息相得益彰。设计师运用大面积的落地玻璃，令外部街道与内部空间自然过渡，玻璃的透明性使得室外环境投射在室内的墙面、地面，也削弱了建筑体量在场地内形成的割离感（图 2-14）；通透的玻璃立面与街道树木同高，烘托出建筑与现存树木列阵的对话；精心的建造和材质的选择进一步明示在历史环境中新建筑的态度（图 2-15）。设计师不但充分保护和挖掘了原有场地中具有历史价值的城市景观，并巧妙地将其融入设计，创造了一个新的城市节点：一方面，这个节点作用于空间中，与现存的历史建筑、景观、雕塑和场地共同营造出新的城市秩序；另一方面，该建筑的出现也象征着一个新的时间节点的诞生。KAAN 的设计师认为，历史不是一个绝对的概念，而是一个相对的概念。他们的设计不但可以承接起周围历史文化遗产带来的厚重底蕴，也在为未来创造新的值得被铭记的历史闪光点。

图 2-13 MVRDV 事务所为荷兰最高法院设计的概念方案

24 资料来源：https://www.mecanoo.nl/Projects?project=178

图 2-14 消隐于周边环境中的荷兰最高法院

图 2-15 玻璃立面以及与之同高的历史街道树阵

对于建筑师和遗产专家而言，时间是一把双刃剑。一方面，人类无法抵抗由时间带来的建筑自然衰亡的事实；另一方面，层次丰富的历史故事又可以赋予同一栋建筑以不同的意义和价值，历久弥新。在这种无法辩驳的历史洪流里，建筑师理应认识历史，理解历史，融入历史，使自己的作品成为历史的一部分，使其独特的价值成为无法被取代的存在。从设计层面而言，或许 KAAN、 MVRDV 和 Mecanoo 的方案不分伯仲，但是来自 KAAN 事务所的设计师们对于历史动态变化的深刻认知，成了他们赢得该项目改造设计权的关键因素。荷兰人从流动的自然水景中习得的共生法则，让他们拥有了一直存留于基因中的思辨能力。他们也许更能认同城市作为一个巨大的容器，不管是在时间的维度上还是空间的维度上都存在着天然的流动性。如此，建造有价值的新“遗产”就和保存、保护好经典的历史建筑变得同样重要，进而成为推动城市发展的准则之一。《阿姆斯特丹宣言》对于整体性保护的阐释，也从另一个角度印证了荷兰人深刻的危机意识和对历史流动性的理解。因此，以推动历史向前为目标的遗产改造策略应运而生。而此后几十年中的相关实践，也充分印证了荷兰本土设计师们对时间性的辩证理解和态度。

4 动态即永恒

在荷兰，人们所采用的遗产策略在很大程度上与欧洲其他国家存在着一脉相承的联系。稍有不同的是，荷兰政府与公众从自身与自然环境抗争的百年历史出发，在遗产话语不断变化的进程中回归本源，将遗产策略与城市空间规划相结合，建立了更符合国家发展定位、适应时代巨变的基本方法。通过发展而进行保护的“Belvedere”空间规划政策与理念，与其说是创新，不如说是为了让遗产保护更符合荷兰国家战略规划的传统。这种传统在第二次世界大战后得到了充分的发展，使得荷兰完全依靠有计划和有意图的“野心”，让一句口耳相传的“上帝创造了世界，荷兰人创造了荷兰”成为现实。

动态的概念在最初常常被学者们用于描述荷兰多变的水文地理环境。将这个概念运用于遗产改造领域，并在实践中真正从文化、经济、历史多个层面理解动态的意义，使得建筑师、遗产专家甚至民众可以利用其叙事路径和科学分析的方法，帮助遗产区域建立身份认同从而脱颖而出。其中，动态的文化策略旨在推动全社会的文化包容性，通过历史建筑这个载体，区别独特的区域文化，并融合及整合日益丰富多元的社会中出现的不断出现的、多样的文化身份和其文化内涵；动态的经济策略则可以在遗产改造中保障投资群体及使用者实现短期利益与长效发展共赢的经济效益；而动态的时间策略一直都是遗产工作的立场与起点，从事遗产工作的利益相关者应秉持辩证的时间观、历史观，怀抱对不确定未来的敬畏之心。

身处流动的时空叙事中，建筑师和遗产专家理应承认，对于我们所处的建成环境而言，并不存在所谓不变的永恒，也没有永垂不朽之建筑。变化即永恒。城市、建筑、建成环境都将在动态时空中衍生发展、趋向自洽。在我国，遗产保护概念的发展大多受国际遗产话语变迁的影响，从 20 世纪初发展至今，仍未形成完整的、自上而下或自下而上被广泛认可的遗产保护概念和相关策略。如何能从荷兰模式中提炼或窥得些许线索，也许正是本文期望抛出的可延续探讨的话题。

（原文发表于《建筑师》2020.01 刊，朱恺奕，[荷] 卡罗拉·海因，孙磊磊，有删改）

参考文献

[1] Andrea Canziani. Being and Becoming of Modern Heritage[C]. [S.l.]: Paper presented at the Proceedings of the 10th International Docomomo Conference: The Challenge of Change Dealing With the Legacy of the Modern Movement, 2008.

[2] David C Harvey. Heritage Pasts and Heritage Presents: Temporality, Meaning and the Scope of Heritage Studies[J]. International Journal of Heritage Studies, 2001, 7(4): 319–338.

[3] Fransje Hooimeijer, Han Meyer, Arjan Nienhuis. Atlas of Dutch Water Cities[M]. Amsterdam: Sun Architecture, 2005.

[4] Janssen, Joks, Eric, Luiten, Hans, Renes, et al. Heritage Planning and Spatial Development in the Netherlands: Changing Policies and Perspectives[J]. International Journal of Heritage Studies, 2014, 20(1)：1–21.

[5] Paul Meurs, Van Marie–Thérèse ，Rijksmuseum Amsterdam: Restoration and Transformation of a National Monument [M]. [S.l.]: NAI010 Publishers, 2014.

[6] Richard Pickard. Policy and Law in Heritage Conservation[M]. London: Spon Press, 2001.

[7] Elisabeth CM Ruijgrok. The Three Economic Values of Cultural Heritage: A Case Study in the Netherlands[J]. Journal of Cultural Heritage, 2006,7(3): 206–313.

[8] John Schofield. The Cultural Landscape and Heritage Paradox: Protection and Development of the Dutch Archaeological–Historical Landscape and Its European Dimension[J]. International Journal of Heritage Studies,2013,19(3): 322–323.

[9] Fred FJ Schoorl. On Authenticity and Artificiality in Heritage Policies in the Netherlands[J]. Museum International, 2005,57(3): 79–85.

[10] 张松．历史城市保护学导论：文化遗产和历史环境保护的一种整体性方法 [M]．2 版．上海：上海科学技术出版社，2008.

图片来源

图 2-1：1965 至 2018 年间荷兰被登录建筑的数量变化曲线图。图片来源：荷兰文化遗产机构：教育，文化和科学部（Cultural Heritage Agency: Ministry of Education, Culture and Science）

图 2-2：截至 2018 年底，登录遗产名录中各类建筑在历史文化遗产总数中所占的比例。图片来源：荷兰文化遗产机构：教育，文化和科学部（Cultural Heritage Agency: Ministry of Education, Culture and Science）

图 2-3：阿姆斯特丹国立博物馆入口大厅以及游客集会场所（© Cruz y Ortiz Arquitectos）

图 2-4：位于阿姆斯特丹国立博物馆外部的城市南大门街道和行人（© Cruz y Ortiz Arquitectos）

图 2-5：海牙市立博物馆改造后的中庭空间 © Alice de Groot & Astrid Hulsmann

图 2-6：荷兰代尔夫特理工大学建筑学院橙色大厅。图片来源：https://www.tudelft.nl/en/architecture-and-the-built-environment/about-the-faculty/the-building/

图 2-7：阿姆斯特丹的国立博物馆（a）、海牙市立博物馆（b）以及荷兰代尔夫特理工大学建筑学院（c）的设计策略在平面空间中的比较。图片来源作者绘制。

图 2-8：Mei 根据业主要求设计的住户单元内景（© Ossip van Duivenbode）

图 2-9："伯尔纳之门"医疗保健中心改造后的内景（© Ronald Tilleman）

图 2-10：荷兰最高法院在地图中的位置及其与周边环境的关系。（图片来源：Google 地图。）

图 2-11：荷兰最高法院以及周边的历史建筑和环境（© Sebastian van Damme）

图 2-12：Mecanoo 事务所为荷兰最高法院设计的概念方案（© Mecanoo）

图 2-13：MVRDV 事务所为荷兰最高法院设计的概念方案（© MVRDV）

图 2-14：消隐于周边环境中的荷兰最高法院（© 孙磊磊）

图 2-15：玻璃立面以及与之同高的历史街道树阵（© Fernando Guerra _ FG+SG）

适应性再利用的荷兰经验与方法

Dutch experience and approaches of adaptive reuse

从类型到策略

From Type to Strategy

荷兰位于欧洲西部，东邻德国，南接比利时。西、北濒临北海，地处莱茵河、马斯河和斯凯尔特河三角洲。截至 2018 年，其国土总面积为 41864 km^2，总人口 1726 万人，以近 500 人 / km^2 的数据位居欧陆人口密度首位。荷兰作为一个临海且全境低地的国家，其四分之一的国土低于海平面，温带海洋性气候带来的强降雨使其长期遭受洪水威胁。“围海造田”成为这个国家创造生存用地、促进城市发展的一大途径，人们从与水对抗最终达到与水共存。19 世纪中期荷兰“城市更新”拉开序幕，《住房法》和《社会租赁房管理法令》[1] 的颁布使住宅发展与城市更新建立了紧密的联系。二战结束后，欧洲各国相继开展战后重建工作。然而战后人口激增带来了居住环境恶化、公共秩序混乱、大肆破坏历史建筑等一系列社会问题，此境况进一步引起了政府与社会各界的关注。荷兰城市更新主要经历旧城小规模改造、新城住区改造和城市棕地复兴三个阶段 [2]。经历了第一、二阶段后，荷兰约 85% 的住宅都保持了相当高的房屋质量，大部分城市住区都已恢复了活力与秩序。纵观荷兰存量建筑的保护历史，可将其分成以下几个阶段（图 3-1）：1903—1933 年，制定建筑登录保护制度 [3]；1947 年成立荷兰遗产保护部门；1958 年 8 月在海牙召开城市更新第一次研究会，定义了城市更新的内涵；1975 年通过《阿姆斯特丹宣言》，强调“整体性保护”；1990 年成立现代运动记录与保护组织 [4]，关注近现代建筑的价值；同时政府成立各级评估委员会，对建筑遗产再利用进行可行性评估。荷兰城市更新在一系列政策及相关事件的推进下逐渐成熟，在此语境下的建筑保护与改造也相继呈现出不同类型与经验。

1　1901 年颁布的《住房法》和 1993 年的《社会租赁房管理法令》是荷兰城市更新的主要法律框架。荷兰《住房法》规定：房屋（特别是出租住宅）的维护和修缮是房主应承担的义务；政府可采用罚款等方式要求缺乏维护的住宅房主进行房屋修缮，如果情况继续恶化，政府有权强制征收乃至拆除年久失修的房屋。这些规定不同程度上减少了住宅的废弃。

2　程晓曦在《荷兰城市改造与复兴的三个阶段与多种策略》中提出，荷兰城市更新主要有三个阶段。第一阶段：旧城的小规模改造与物质更新（1970—1988 年）；第二阶段：新城的大规模住宅改造与社会复兴（1989—1995 年）；第三阶段：城市棕地的复兴（1996 年以来）。城市棕地不仅包括旧工业区，还包括旧商业区、加油站、港口、码头，机场等工业化过程中所遗留下来的空地，以及不再使用的设备、建筑、工厂或地区。

3　20 世纪初荷兰建立了广泛的遗产建筑保护名单，完善了建筑登录保护。建筑登录保护制度是将被列入保护名单的历史建筑与区域登记记录，这些被列入保护名单的历史建筑就是“登录建筑”，其英文是 listed buildings。

4　1990 年在荷兰艾恩德霍芬成立了现代运动记录与保护（Document and Conservation of the Modern Movement）组织，旨在强调和记录有价值现代建筑，并将信息传递给与建设相关的部门和专业人员。

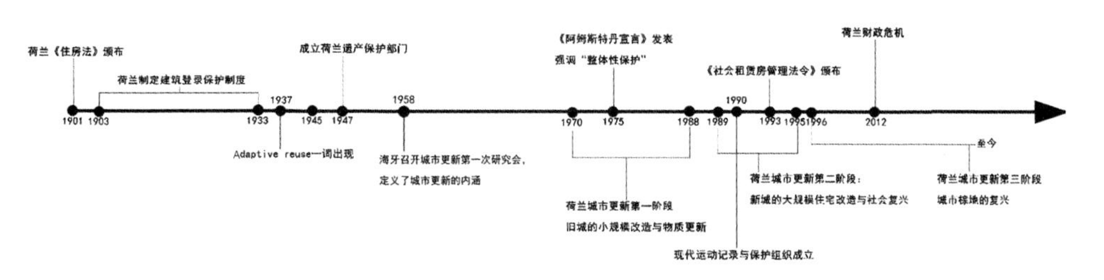

图 3-1 荷兰城市与存量建筑更新的重要背景时间轴

1 适应性再利用在荷兰的发展概况

适应性再利用概念早在 1937 年英国《住宅与花园》（Homes & Gardens）期刊上发表的一篇将华盛顿马厩改建成一批公寓住宅楼项目的文章中出现，但它真正被国际建筑界关注是在 30 年后。适应性再利用的含义是转化和改造旧建筑以适应新的使用方法和内容，同时在不同程度上保留其历史特色。其意义不外乎两个方面：一方面，适应性再利用强调保护建筑整体或局部的史实性，另一方面是为旧建筑注入新的机能，使建筑本身及周边环境获得新生。强化原有机能，使其适应于目前甚至将来的需求是适应性再利用的基本性质。ArchDaily 网站描述的适应性再利用（Adaptive Reuse）属于建筑翻新（Refurbishment）分项，与建筑修复（Restoration）、改造（Renovation）和扩建（Extension）存在差异。修复是保护历史文物，以及保护过去特定时间痕迹的一种手段。19 世纪的权威《法语词典》(Dictionnaire de la Langue Francaise, 1873) 将义“Restaurer”定义为“对精致且富表现力的建筑、雕塑、绘画进行修理 (Reparer) 或重做 (Retablir)”。西方对“改造”一词的解释有：进行重建，着眼于满足新的功能需求，提高环境品质。建筑改造强调单体功能、形态或结构等改变，不强调历史性。《辞海》中对“改扩建项目”的解释是“就原有基础加以扩充的基本建设项目，通常又称为扩建项目”，扩建是对原有建筑结构或建筑空间的增补或扩展。由此可见，同时关注建筑的历史性与未来可持续发展的可能是适应性再利用的核心，与其他三项翻新类型存在明显差异。

20 世纪初，适应性再利用进入荷兰人的视野，他们吸取前人经验，并在长时间的实践中赋予了它本土语汇。过去几年席卷全球的金融危机造成了世界范围的经济低迷，包括荷兰。2012 年荷兰经历财政危机，建筑行业受到冲击，建筑师逐渐意识到或许在时代危机中通过旧建筑适应性再利用才能表达出建筑的实际效能与价值。政府加大了对适应性再利用及改造项目的补贴，激发了市民与建筑师的热情，进一步推动了城市更新与旧建筑改造的发展。同时，越来越多的建筑师对既有建筑适应性再利用投去关注，把它作为解决新旧建筑更新活化的重要手段。近年来，Mecanoo、Mei、

MVRDV、KAAN、OMA 等荷兰知名事务所承接的改造项目日益增多，其中大多可归属于既有建筑的适应性再利用。从2009—2018年的荷兰四类翻新项目对比统计表中看出，适应性再利用项目数量高于其他类型（图 3-2）。伴随城市更新的快速发展，翻新项目基数不断增涨。适应性再利用项目在 2012 年后的一段时间里出现空白期，这反映了荷兰财政危机对它的影响。2015 年适应性再利用改造数据动态调整又达到了峰值（图 3-3）。作者进一步统计荷兰本土知名的 5 家建筑事务所近 10 年的适应性改造项目，发现他们在荷兰本土存量建筑的适应再利用实践中贡献巨大，享誉国际的知名事务所如 OMA、MVRDV、KAAN 近几年也将目光转向荷兰境内的适应性再利用（图 3-4）。

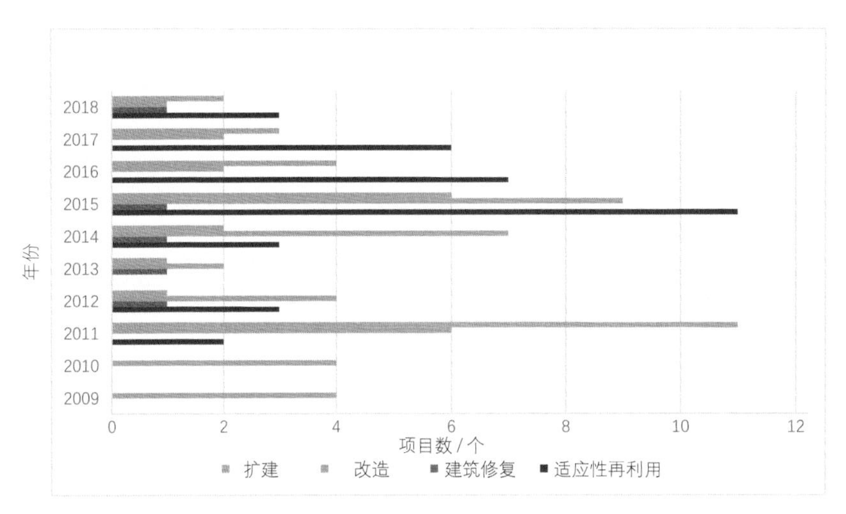

图 3-2 2009—2018 年荷兰翻新项目四种类型统计

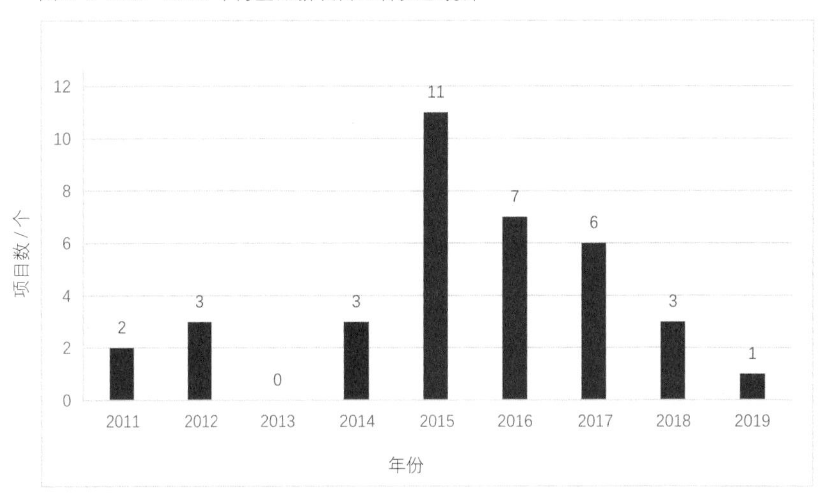

图 3-3 2011—2019 年荷兰适应性再利用项目统计

在过去十年中，这种转变已然成为建筑行业的一种发展趋势。由于存量建筑基数大且类型复杂，从类型维度总结建筑功能的差异性与相似性，把本土适应性再利用项目划分为不同属类，便于明晰研究目标，也便于梳理适应性再利用的多样性与复杂性；再进一步聚焦设计主体介入的旧建筑适应性再利用实践，总结其在建筑空间、技术细部上的设计方法与更新策略，试图提炼出具有代表性与操作性的荷兰模式，并为更多高密度国家和地区的存量建筑改造提供可借鉴的经验。

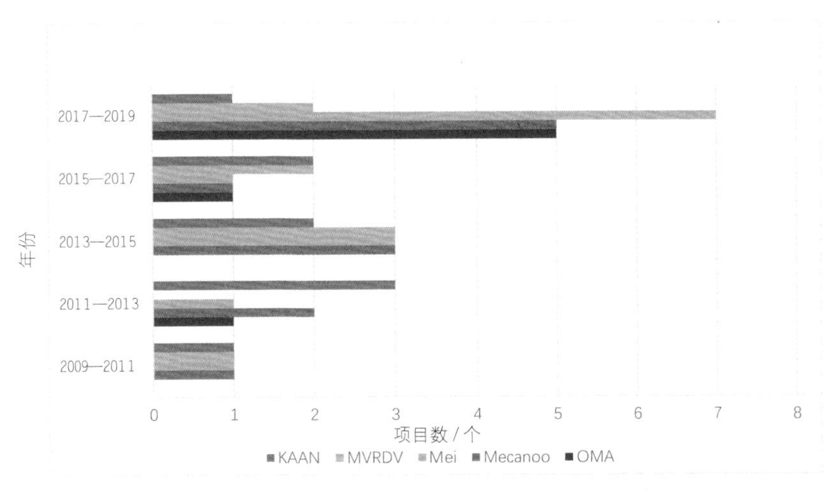

图 3-4 2009—2019 荷兰 5 家建筑事务所适应性再利用项目统计图

2 类型导向下的适应性再利用

根据专业建筑网站检索，结合作者走访荷兰事务所调研荷兰既有建筑适应性再利用的项目性质及功能信息，总结其差异特征，可将它们划分为居住建筑（公寓、别墅等）、公共建筑（包含办公、学校、图书馆等）、工业建筑（厂房、仓库）三种类型，以下简述之。

居住类存量建筑：城市产生以来，居住建筑占比巨大。荷兰的住区更新改造是城市更新的重要组成，Mecanoo 事务所参与改造的 Marktkwartier Amsterdam 就是新住区适应性改造的典型代表。建筑师拆除杂乱无序的市场摊位，改造中心市场，规划出有序的居住单元与景观绿化，改善了码头环境，激发出该住区新的生命力（图 3-5）。改造后的 Marktkwartier 将成为所有阿姆斯特丹人的开放社区。家庭及单身人士、学生与老人均能被安排在 1500 个住宅单位中。位于 Marktkwartier 和食品中心之间的纪念性市场大厅也将成为新社区的核心，这座历史悠久的建筑将恢复昔日的辉煌。通过对码头整体的适应性改造与规划，这个富有活力和特色的住区码头终将成为阿姆斯特丹的又一个活力场所。

公共类存量建筑：银行、办公楼、博物馆、剧院等公共建筑在荷兰经济与文化层面占有重要地位，是荷兰人生活中不可或缺的部分。这些公共建筑的功能随社会发展而变化，经过建筑师的介入逐渐更新为顺应时代趋势的“新”建筑。KAAN 事务所的新办公室“De Bank” 是一座典型的公共建筑室内空间改造项目。它由 De Nederlandsche 银行旧址改建而成，包括工作区、休息区与展览区。简捷清晰的矩形平面中，多个长长的走廊与通道有效地连接了工作、会议及休闲空间，从而增强了员工、访客与合作伙伴之间的流畅互动。这样的设计增添了现代感，保留其历史感，空间开放、简洁却不简单（图 3-6）。建筑中心区域即“KAAN 之心脏”是建筑师们开阔的工作区域，两侧通透的落地玻璃立面使午后阳光能够充分地弥漫进来。置身其中抬眼便能一览周围河滨水岸的独特景观，空间氛围温暖明亮。

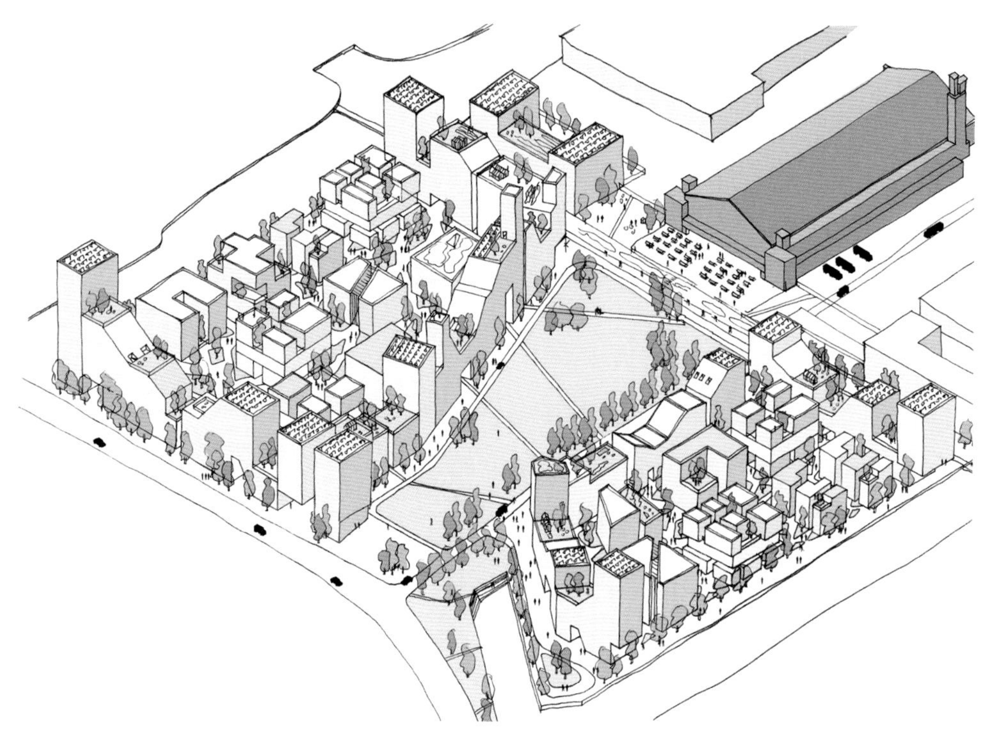

图 3-5 Marktkwartier Amsterdam 规划图

工业类存量建筑：作为工业强国，荷兰工业遗产存留众多。Kabeldistrict Delft 曾是代尔夫特市的电缆厂（图 3-7）。市政府希望重整区域低迷的状态，借此建筑为新时代创业者提供办公空间，打造代尔夫特特色创新区，使之成为连接居住公寓与企业办公独特组合的发展区块。1914 年，De Kabelfabriek 电缆厂投入使用，1975 年发展到巅峰期，1987 年后产值下滑，最终于 2002 年被政府收购。2009 年，市政当局决定把 De Kabelfabriek 厂区发展为企业孵化中心，几家小型企业已经在此成立并开展业务。通过公开招标，最终确定 Mei 事务所成为该区改造的核心设计团队。建筑师拆除原始屋顶，保留钢结构，这些钢梁构成了公共空间的特征元素。曾经的扩建部分被拆除，被置换为停车库。在工厂楼层之上添置了新功能供企业办公，并在完整的工厂立面上开设通行门洞，使项目内街更易通行。区域街道层次分明，由外街到内街达成公共到半公共的过渡。此外，建筑师在 De Kabeldistrict 沿河区域设置了含餐厅及休闲露台的小规模商业配套设施，丰富该区职员的业余生活。沿河设置可供自行车及行人通过的天桥连接 Schie 河的另一侧，方便交通的同时也促进了区域的交流与融合。该项目具有城市发展的可持续性，其独特的生活和工作环境有助于营造舒适的社区氛围。

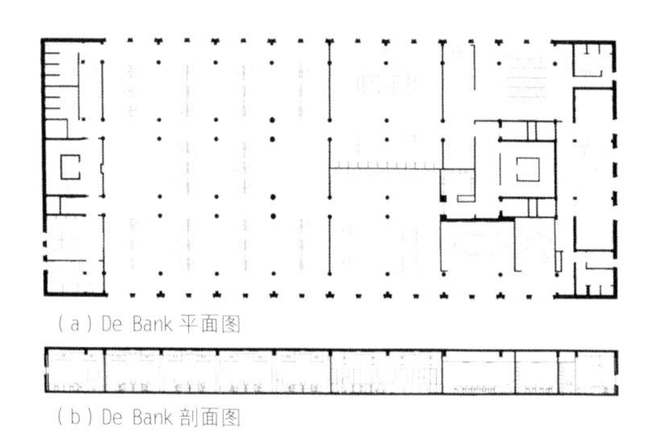
（a）De Bank 平面图

（b）De Bank 剖面图

（c）De Bank 室内空间

图 3-6 De-Bank 平面图及办公空间

Kabeldistrict 电厂鸟瞰

Kabeldistrict Delft 改造后

图 3-7 Kabeldistrict Delft 改造前后的对比

3 策略导向下的适应性再利用

荷兰高密度的国土空间与恶劣的自然地理环境促使建筑师对存量建筑的适应性改造投入持续深入的关注。建筑的适应性再利用主要包含两种状态："延续使用（Within-use）"和"超越使用（Across-use）"：当一个建筑物根据其原有的主要用途进行加固或调整时，可被称为延续的适用状态；而"超越使用"则是将最初的建筑用途、形式作较大尺度的更新。建筑师介入其中，尝试从其历史背景中提取叙事概念，评估旧建筑的使用价值，寻找新与旧的结合点，恰到好处地对建筑功能、结构、空间等进行变更，并运用技术手段把它们融入再利用改造中。根据设计主体的介入思路和方法，可总结出空间组织、材料细部和建筑技术三项设计策略，或可适用于各类适应性改造项目中。

3.1 空间组织策略

代尔夫特水务局（Delft Water Authority）的内部空间已无法适应现代社会的需求，其社会、文化及经济效能都在减弱，亟待改造翻新。Mecanoo 事务所从它的历史价值出发，抓住建筑的空间、功能及社会需求三者之间的内在关联进行适应性改造。结合建筑特征及周围环境，建筑师采用植入插件的空间手法创造出一条新“路径”联系水务局的室内外空间。该路径作为空间纽带整合了不同功能，使新老空间交融渗透，呈现出轻松微妙的空间氛围。同时，增加的路径串接大量尺度不一的交通空间与公共空间，进一步整合了水务局分散的建筑体量；将室外景观引入建筑中，重置了观赏与展览的交互功能。建筑师将路径作为空间新插件和主要线索，组织周边古建筑群、塔楼、旧教堂和庭院，将古老与现实连接。这种空间策略整合整个水务局的空间元素与功能，视觉上亦产生出一种“步移景异”的空间效果（图 3-8)。在不改变整体风貌及历史价值的前提下为水务局注入新的空间活力，营造出一个鲜活生动、新旧融合、回归情感的中心建筑。

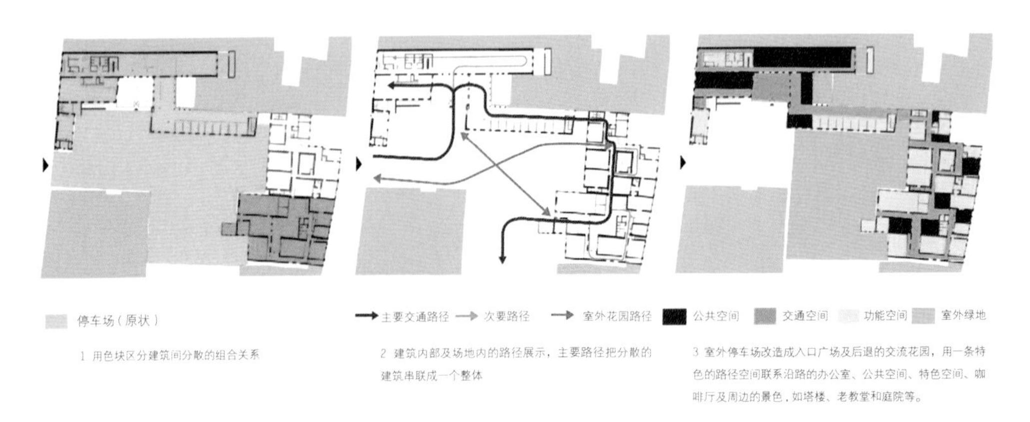

图 3-8 代尔夫特水务局的空间设计策略分析图

建筑师通过新老交融、功能重置、植入插件、空间关系整合等策略重新组织建筑空间与功能，使建筑在保留基本历史面貌的同时又适应当代社会的需求，老建筑在更新改造中重新焕发生机与活力。

3.2 材料细部策略

改造过程中，建筑师需深入了解旧有材料的特性，合理运用新材料，保持旧建筑的历史延续性，又适当地融入时代科技发展的成果，在尊重、继承原有建筑的历史文脉之上推陈出新，获得最大的经济效益和社会效益。2014 年，由 MVRDV 改造完成的 Schiedam Stedelijk 博物馆的入口极富特色，500 m^2 的门厅空间由一个新古典主义小教堂改造而成。建筑师探寻周边居民生活与教堂的关联性，发现曾经的教堂是为老人、病人以及穷人提供精神慰藉的场所，因此在改造时通过各种细部变动手法，营造出新风格的同时保留其温暖空间氛围。改造既尊重了教堂宏伟的空间气氛与简朴的室内装饰，又增加了空间品质，提供了新的功能。该项目采用材质与色彩的对比手法，内部红色墙面与原有灰暗的柱廊产生强烈碰撞，外部庭院灰色压抑的黑砖立面与广场的开放通透也产生氛围上的对抗，新旧并置，生动有趣（图 3-9）。作为建筑遗产，该项目结构无法更改，新置的装饰如木质书架和填充墙都呈现出特定的几何边界与原始结构保持分离，方便未来更改或还原。建筑师通过各种细部对比、新旧并置、材料创新的手法使旧建筑空间摩登又时尚，这就是适应性再利用的魅力。

整个现存的结构得到维护，四面墙则覆盖红色

图 3-9 Schiedam Stedelijk 博物馆的材料细部策略分析图

荷兰建筑师擅长研究型设计（Design by Research）[5]。他们善于把控细节，真实还原建筑场所的历史感，同时增加建筑的经济利益与人文活力。在存量建筑的适应性再利用中，除去空间设计策略，建筑表皮及细部也有相应的设计方法。延续原始细部做法、材质对比、比例呼应、元素提取等手法适用于大部分适应性改造的造型设计及室内设计。

3.3 建筑技术策略

21 世纪以来，西方各国延续着 20 世纪的节奏，大有将“改造进行到底”之势。他们普遍从节能、绿色、生态等视角出发，掀起了新一轮既有建筑改造热潮。Fenix I 项目是 Fenix 仓库改造而成的综合建筑，包括顶层新建的可灵活组合的公寓与下部仓库改造而成的办公、酒吧、餐饮区域。Fenix 仓库（又称为“旧金山仓库”）建于 1922 年，是当时最大的海运码头仓库，如今，经过 Mei 事务所的巧思成为伫立于鹿特丹码头的地标建筑。可持续是 Fenix I 改造的核心理念，主要体现在：适应太阳角度的建筑体量可以使冬日日光进入庭院和公寓；玻璃幕墙为高性能太阳能玻璃，与外部遮阳棚和阳台结合，能够阻挡夏季大部分太阳热量，减少对制冷的需求；屋顶花园和垂直绿化可以过滤空气中的微粒，改善局部小气候；绿色屋顶收集雨水，可回收利用，营造了健康、舒适和自然包容的生活环境；采用节能设施，减少能源消耗。Fenix I 的结构技术策略呈现三个层级：现有仓库—支撑层间—新建住宅区（图 3-10）。通过新置一个独立于仓库原始结构的巨大钢构平台结构，并给它设立单独的基础，可以在很大程度上保护仓库本身。本项目采用了荷兰本土的特殊建构方式：新基础被小心且精准地插入现有基础块之间，钢结构完全焊接在新结构上。新的混凝土体量（Fenix 阁楼）通过混凝土隧道技术建造而成，创造了高度的空间灵活性。这种钢构平台结构与顶部混凝土结构的结合在世界范围内也是独一无二的。

荷兰人的务实体现在荷兰建筑的经济实用方面。某些情况下，适应性再利用能够

5 史洋提出不论研究型设计还是设计研究同步，其实都是同一个问题。这一特点在荷兰比较活跃的建筑事务所中体现得尤为明显，比如 OMA 有 AMO、GSD、Strelka 等研究机构的支持， MVRDV 在代尔夫特有 The Why Factory 研究机构。这些一线的事务所在开展实践的同时，还进行大量超前的研究，并通过这些研究来促进他们的设计。

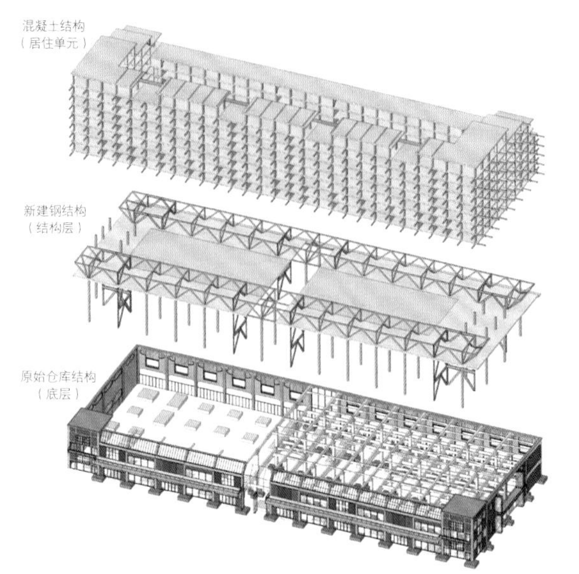

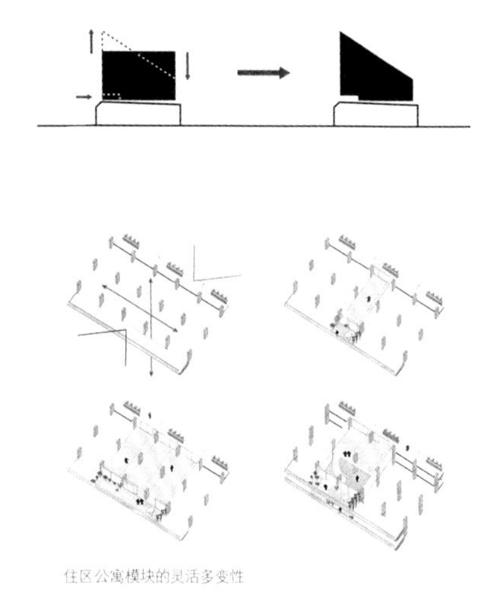

图 3-10 Fenix I 建筑的技术策略分析图

给予建筑结构与形式适当的照顾，同时改善建筑的使用方式。通过适应性再利用来延长建筑物的寿命可以降低材料运输费用、能源消耗以及环境污染，从而为可持续发展做出重大贡献。伴随科学技术的发展，新的结构体系和技术手段层出不穷。这些技术应用于建筑改造中能为建筑增加更多设计亮点，也为人们提供了更舒适的建成环境。在适应性再利用的技术性改造中，保留结构、增添能源设备、设计通风竖井、覆盖节能表皮，或使用机械构件等均能使旧建筑达到适应性再利用的绿色可持续目标。

荷兰建筑师积极探索既有建筑的前世今生，寻求最恰当的方式介入其中，逐渐形成了独具荷兰特色的经验与方法。如果说从建筑空间、材料构造、细部及技术入手解决存量建筑的适应性再利用是荷兰社会背景下的城市更新与存量建筑改造的最优手段，那么“建筑师介入”的设计策略才是引领适应性再利用的核心。由类型到策略的梳理是对存量建筑“适应性再利用”研究具体经验的探索和归纳。正因如此，单一的类型叠加设计主体的把控、参与才会衍生出新老交融的功能延续、材质呼应的细部构造以及高科技的技术创新等多样化的丰富实例。事实上，荷兰建筑师的适应性再利用的更新策略正是在各类实际项目的一次次建成、反馈与修正中得来的，这些经典模式与方法还需要在建筑师团队的持续实践与审慎反思中动态调整、提升优化。

荷兰既有建筑的适应性再利用揭示了存量建筑更新保护的新方式，也为与之语境相似的高密度国家和地区提供模式借鉴与策略引导。荷兰紧张的国土空间规划格局、高密度人口与我国人口密度攀升、城市化、致密化、千城一面的城市现状有着明显的相似性，其改造经验与策略对我国存量时代的城市与建筑物更新富有深刻的指导作用和借鉴意义，也将为我国建设可持续生态城市提供了新视角与新方向。从类型到策略的研究路径中可窥见建筑师群体在实现建成环境适应性转换过程中的身份价值、作用方向以及可触及的广阔未来。

（原文发表于《华中建筑》2021.09 刊，孙磊磊，敬莉萍，朱峰极）

参考文献

[1] 褚冬竹．"超级"之后：荷兰建筑再观察 [J]. 建筑师，2018(1):81-89.

[2] Martijn Huting. 现代荷兰的城市和建筑发展 [J]. 城市环境设计，2010(1):16-19.

[3] 程晓曦．荷兰城市改造与复兴的三个阶段与多种策略 [J]. 国际城市规划，2011，26(4):74-78.

[4] 曾碧青，关瑞明，陈力．我国城市更新进程与建筑改造设计 [J]. 华中建筑，2007，25(12):53-56.

[5] 许亦农．审视过去，走向未来：建筑适应性再利用杂记 [J]. 世界建筑，2009(3):78-88.

[6] 孟璠磊．荷兰工业遗产保护与再利用概述 [J]. 国际城市规划，2017,32(2):108-113

[7] 史逸．旧建筑物适应性再利用研究与策略 [D]. 北京：清华大学,2002.

[8] Stephan Tschudi-Madsen. Restoration and Anti-restoration: A Study in English Restoration Philosophy [M]. Oslo: Universitetsforlaget, 1976.

[9] 方可．当代北京旧城更新：调查・研究・探索 [M]. 北京：中国建筑工业出版社，2000.

[10] 金兹堡．风格与时代 [M]．陈志华，译．北京：中国建筑工业出版社，1991.

[11] Ole Bouman. Dutch Architecture at the Grossroads [J]. 建筑与都市，2012(6):12-15.

[12] Ellison L, Sayce S. Assessing Sustainability in the Existing Commercial Property Stock: Establishing Sustainability Criteria Relevant for the Commercial Property Investment Sector[J]. Property Management, 2007，25（3）: 287-304.

[13] 冯华鋆．旧建筑改造中材料的合理运用 [J]. 中外建筑，2017(11):169-171.

[14] Andrew Baldwin，李百战，喻伟，等．既有建筑绿色化改造技术策略探索 [J]. 城市住宅，2015(4):46-51.

[15] Peter Bullen, Peter Love. A New Future for the Past: A Model for Adaptive Reuse Decision-Making[J]. Built Environment Project and Asset Management, 2011(1):32-44.

图片来源

图 3-1 至图 3-4、图 3-8 作者自绘

图 3-5 https://www.mecanoo.nl/Projects/project/80/Trust-Theater?t=2

图 3-6 http://www.kaanarchitecten.com/work/de-bank/

图 3-7 https://mei-arch.eu/en/projecten-archief/kabeldistrict-delft/

图 3-9 https://www.designboom.com/architecture/entrance-stedelijk-museum-schiedam-mvrdv-06-18-2014/

图 3-10 https://mei-arch.eu/en/projecten-archief/fenix-i-2/

以荷兰代尔夫特理工大学 BK City 为例

Case of BK City of TU Delft

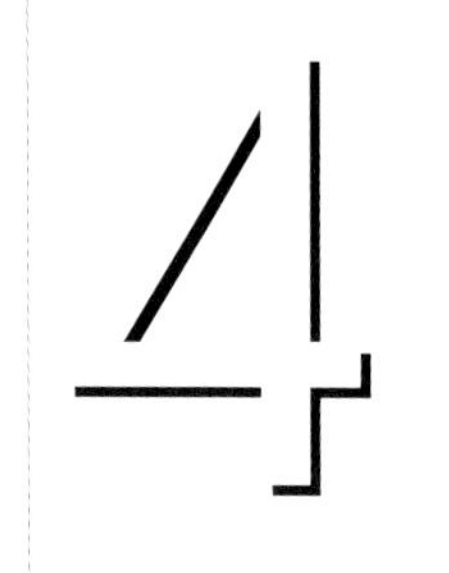

教育空间之思

Rethinking of Educational Space

建筑学的核心问题是探讨“空间”。建筑系馆，作为建筑学师生日夜沉浸的空间，无疑会潜移默化地影响空间感知和建筑学观念。系馆空间除了提供传递、吸收、转化和创新专业知识的学习交流场所，自身更是空间逻辑的首选参照物和重要经验案例。系馆空间于无形中成为建筑学理念与教学的一种深刻载体；其空间特征和组织逻辑也体现着某种空间理念和教育态势。按照现象学的鼓舞，建筑学的教学活动应该回归“空间体验”本身，不断地重构认知主体对空间本质的知觉、认知、评判、反思的过程。因此，建筑系馆的空间模式与建筑学教育的发展深刻交融，息息相关。

建筑学，虽可以概括为以“创造三维空间并将其用于相关的人类活动”为首要目标的学科；但与其他工科专业相比，建筑学教育明显超越了线性的知识获取，也难以简述为单一工程应用的工学。建筑学被认为跨越工程技术和人文艺术，广涉“理工文艺”诸多学科。教师们在建筑系馆中，将设计主干课、原理史论课、实践型教学等有机结合；学生则需要大量的观察、临摹、体验、思考、练习、创作、研讨与展评……并注重实际操作、融会贯通。那么怎样的空间场所才能激发这种复杂学习的积极性并适应学科发展？关于将建筑系馆的场所体验与学科本身的教育教学自然结合的问题，值得更为深入的探讨。在当代视野中，建筑学面临智能化、数字化设计与建造的全新转型挑战。相应地，建筑教学的空间结构呈现出从线性到非线性、规则到不规则、现实到虚拟的复杂发展态势；教学模式也经历从现代性向当代性的转变——面对体验式的基础教学改革、建构材料结构与手工艺、城市设计与建筑设计的社会学思考、生态城市与绿色建筑等多元发展方向。聚焦未来的建筑学教育，需要对教学发源地的空间本体一再反思，挖掘其当代性的场所意义并激发可持续的优化发展可能。

1 建筑教育及其教学场所

1671 年成立的皇家建筑学院（Royal Academy of Architecture）标志着规制建筑学教育的开端，该学院于 1789 年法国大革命时停办。1795 年，专门培养工程技术人员的工学院（Ecole Polytechnique）成立。同年国立科学和艺术学院（National Institute of Science and Art）成立，下设建筑专科学校，1819 年正式采用“École des Beaux—Arts”这个称谓，即美术学校或美术学院，即为人所熟知的“布扎”体系。其“精英教育”的美院模式教学方法强调“师徒制”，将建筑学作为艺术学的一个门类，把绘画训练置于核心位置。当时在某种程度上建筑师和画家之间可以画等号。而“工学院”模式是通过对各种建筑设计进行理性归纳和梳理后提出的训练方法，以培养大批量工程师为教学目标。作为职业教育，它的教学体系与“布扎”的最大区别在于：将建筑学作为工程的一部分，培养通用人才，提高工程专业技能的教学效率。此后在近现代又发展出“大学教育”模式，则更侧重于建筑理论知识的传授。

就教学场所而言，17 世纪法国政府以意大利文艺复兴宫殿和罗马文书院宫为参照，修建了透露着浓郁古典主义气息的建筑——“研习宫”供学子使用（图 4-1）。随后的工业革命时期，新技术新材料带来新的价值体系——德国包豪斯（Bauhaus）应运而生，其校舍简洁明快、轻盈通透（图 4-2)，但教学方式仍沿袭了较为传统的师徒授课制。而密斯的芝加哥伊利诺伊理工学院克朗楼，则创造了新型空间的连续性——教学场所的开放性和公共性得到提升，建筑系馆开始逐渐转向完整的综合性系馆模式。1963 年建成的耶鲁建筑学院预示着建筑教育空间模式的重大转变：系馆不再是纯粹单一的多功能开放空间，而是通过许多特殊的小空间组织成的复杂网络，形成了一种沿公共流线布置多元空间要素的空间组织手法。建筑教学空间发展至今（图 4-3)，世界各地的建筑系馆大多呈现两种空间状态——“盒中盒”与“混合体”。“盒中盒”源于快速变化的教育浪潮需要更为高效的空间布局，它区分了确定与不确定的空间要素，维系了设计教学和空间组构的有效性；“混合体”来源于可持续发展所带来的社会文化转变的现象，其出发点是强调复合、再利用与空间再生。JWA/NADAAA 设计的墨尔本大学设计学院（图 4-4 至图 4-6）可以被看作是“盒中盒”模式的一个典型案例。

图 4-1 巴黎美术学院

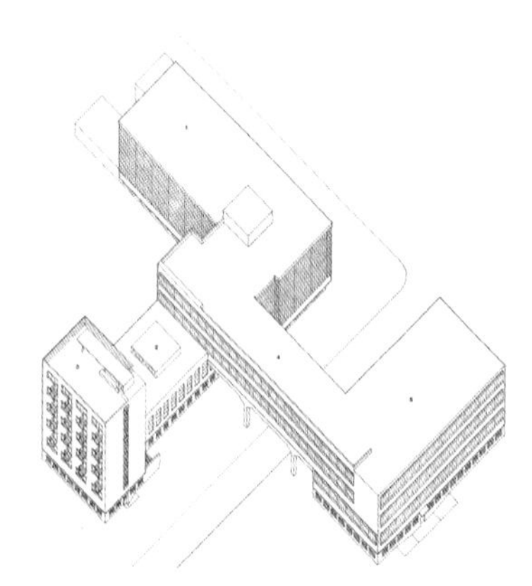
图 4-2 包豪斯校舍

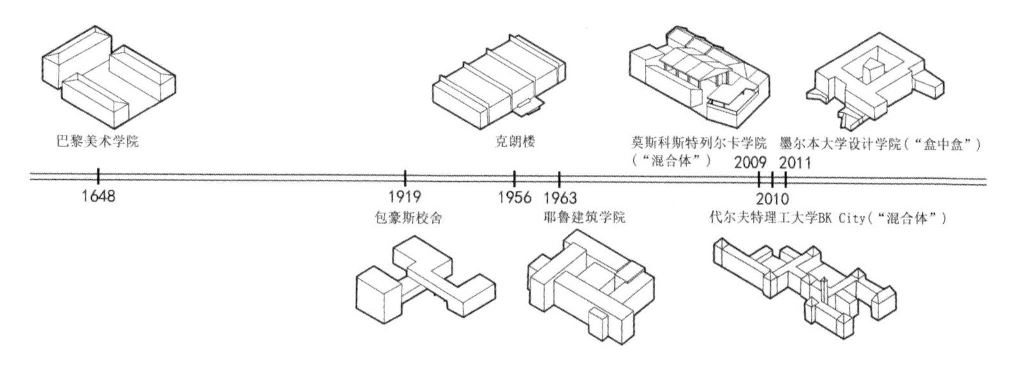

图 4-3 时间轴上的典型建筑院校

设计强调中心空间承载主要公共功能的作用，在多功能的中央大厅四周布置工作室和办公室，会议室则设置在大厅里悬浮的盒体造型空间中，并在公共与私密空间之间创造出可被利用的缓冲带。而莫斯科的斯特列尔卡学院则运用了“混合体”模式，用松散的建筑元素创造出如同游乐园一样的场所环境，不仅激活原有的建筑空间，更为户外环境注入无限活力。同样，荷兰代尔夫特理工大学建筑学院的 BK City 也可归入混合体模式：教学空间、模型大厅、展示空间、“网红”大厅、酒吧餐厅、图书馆以及所有廊道、楼梯呈现出异常丰富的并置和穿插形态，这座活力四射的系馆也因其活泼开放、富有创造力的空间环境倍受褒扬。

图 4-4 墨尔本大学设计学院一层平面图（a）、二层平面图（b）

在当前信息化社会的背景下，知识来源日益多元，传统课堂的规制性教学无法再作为知识获取的唯一途径。教学模式由学生单向接受向师生互动的研究性学习转变，并通过观察认知、理论研究、实践经验三个维度的整合来促进课程体系改革，实现新时代建筑学教学的拓展转型。教学模式的流转变化意味着教学行为的随机偶发，空间模式的愈加复杂。“灵活、可变、复合、多样、不确定、非正式”等特征更符合教育空间模式的未来。于是，基于建筑学及其教学空间的特点，通过回归场所本质的空间存在、感知体验、行为事件串联起整个教学空间体系，解析建筑系馆的空间组构模式是当下尤为值得探索的研究方向。

图 4-5 墨尔本大学设计学院室内中庭

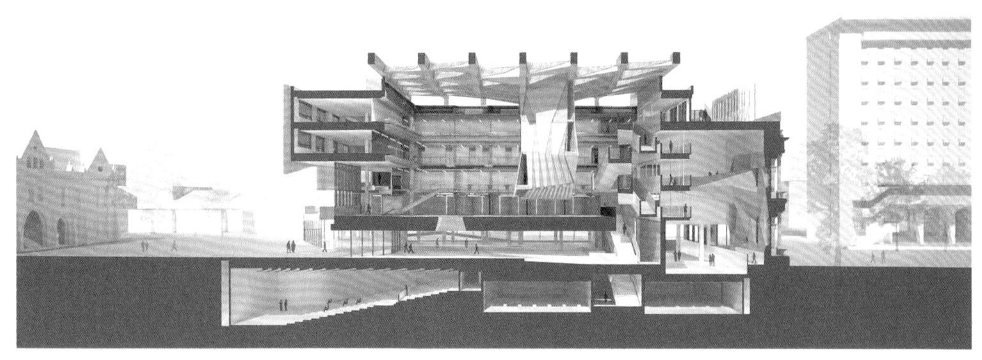

图 4-6 墨尔本大学设计学院剖面透视图

2 “空间—身体—事件”语境

建筑系馆包含设计专用教室、教学评图空间、成果展示空间、公共交往空间等诸多空间主体，体现出建筑学专业复合的教学特征。为适应新时代建筑学教育日益开放融合、跨越边界、注重参与交流的特点，自由灵活的大空间结合私密小空间、固定功能教学单元结合非正式教学场所的空间模式逐渐成为主流。从传统的“逐桌辅导制”的垂直师生关系到当下“围合式研讨空间”的水平师生关系，教学环节更加注重以现实问题为导向、以设计研究为媒介、以学生群体为主导。在如今主体感知增强的时代，自我意识正以前所未有的方式变得敏感而强烈——自我情感与经验、空间叙事与意义的建构变得更为重要。本研究的“空间—身体—事件”关联性方法和视角或能更加贴切地探讨建筑系馆空间的本质问题和模式意义（图 4-7、图 4-8）。

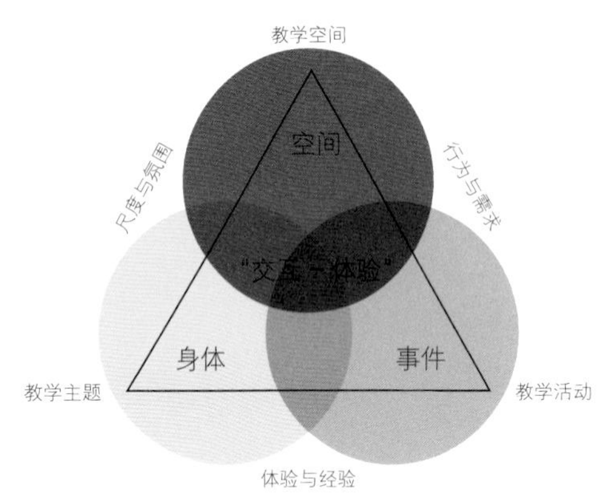

图 4-7 “空间—身体—事件”关联性图解

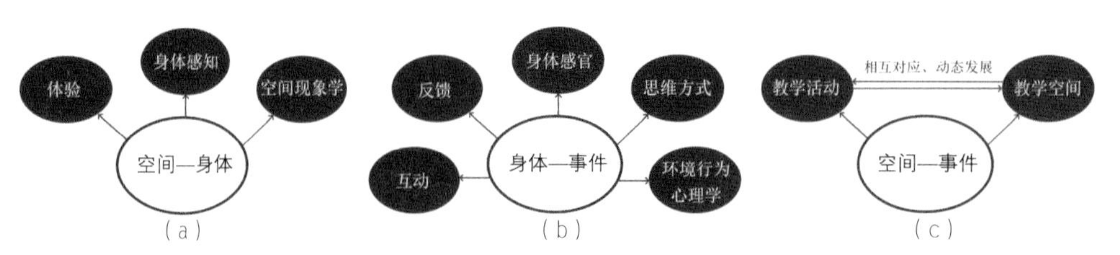

图 4-8 空间—身体关系图、身体—事件关系图、空间—事件关系图

从空间到身体

通常，人们将建筑视为一种物质存在，讨论其客观属性和具体内容。若把目光放远，追溯到空间本体之后——人们对空间场所更关注的是其作为一种“对话式”的存在，关心建筑与使用者之间不断发展变化的互动与交流方式。关于空间对自我情感与经验影响的描述，挪威建筑理论家诺伯格 - 舒尔兹（Norberg-Schulz）在《存在 · 空

间·建筑》（Existence，Space & Architecture）中提出了五个空间概念，分别是肉体行为的实用空间、直接定位的知觉空间、稳定形象的存在空间、物理世界的认知空间和纯理论的抽象空间。其中“存在空间”即指稳定的知觉图式体系，是沉淀在人意识深处的一种稳定认知，是人们投注了情感和记忆的空间。从发展趋势来看，建筑系馆空间趋于重视与师生教学之外的联系、重视使用者对空间的接受与反馈、重视学生在其中的身体感受和心理状态。教学空间模式的塑造旨在满足学生当下的感知体验和身体行为活动的特点，挖掘与学生身体体验密切相关的教学行为与教学经验，最终投射在空间经验之上（图 4-9、图 4-10）。

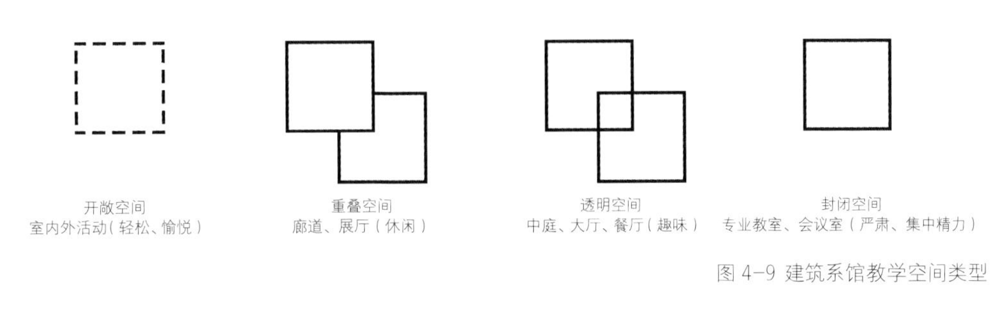

图 4-9 建筑系馆教学空间类型

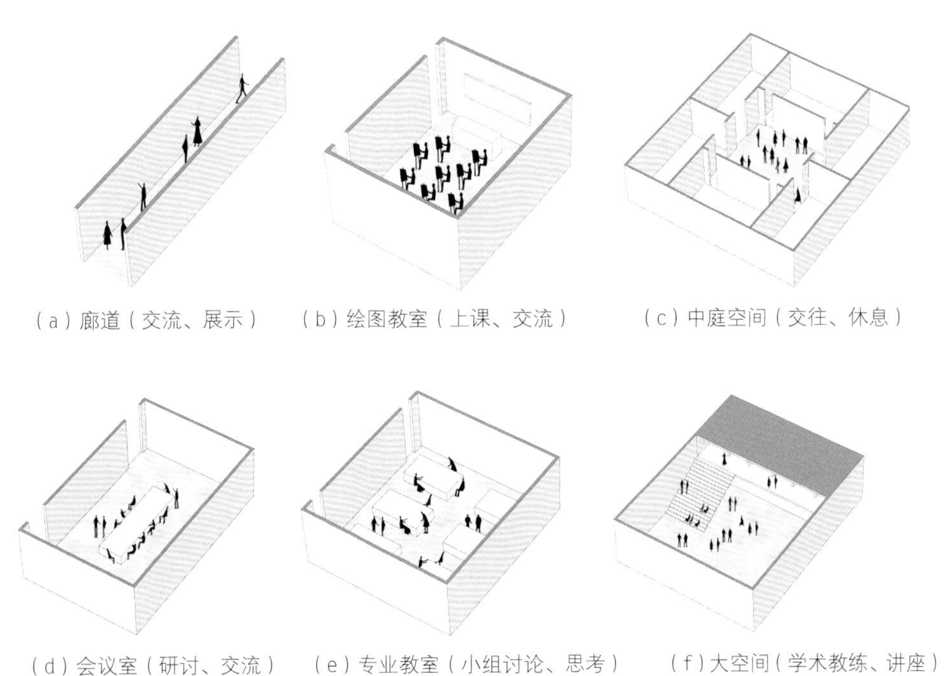

图 4-10 教学活动存在于空间的方式

从身体到事件

“身体”的概念是斯蒂文·霍尔（Steven Hall）在建筑现象学中引入的，这是在建筑学领域对梅洛－庞蒂（Merleau-Ponty）“肉身化”的知觉现象学概念的思考，建筑的意义通过主客体统一的建筑体验而揭示出来。霍尔认为“身体”是所有知觉现象的整体，是人在建筑中定位、感知、认识自己和世界的契机，并由此分析了科学和感知的关系。参与者的身体感知是空间构建和事件现象的连接桥梁。学生通过肢体感官在行为事件中接触世界、认知环境并反观自我。其身心经验反馈作用于教学空间，空间体验以身体为媒介进行传播和表达。此外，与日常生活息息相关的每一处空间场景和实体，对使用者来说都是不断演进的时空序列中的一个个事件载体，这一切序列及事件组合便构成了人在建筑中的经验与记忆。教学空间正是暗含这样的身体体验与经验，不仅激发随机多样的行为事件，并对学生的心理状态、学习兴趣和教学效率产生深远影响。同时，教学活动与身体产生的互动关系，也在身体感知对教学活动的反馈中得以体现。

从事件到空间

教学模式的多样性催生复杂的空间组构方式和多元化的空间事件。建筑评论家、设计师伯纳德·屈米（Bernard Tschumi）认为空间只是一种“诱发事件”，比空间本身更重要的是：必须认识到建筑是由空间、事件和活动组合而成的。他认为“事件”可以是一次行动、一种使用或一项功能，但与现代建筑所谈及的功能主义不同，事件与建筑的空间和形式并不是某种明晰的对应关系。随着当下建筑学教学的革新，系馆空间的一系列与教学相关或不相关的“特殊”事件——诸如设计教学、模型制作、作业展评、信息交互、研讨交流等，并不局限于固定的空间场所内。不同模式的教学空间与教学之外的交通空间、交往空间相互渗透交融。而相对独立的“正式”学习空间（教室或实验室），在不同时期内也会根据使用需求对空间布局作相应的变化。空间营造总是伴随着事件活动不断调整，从而形成一种动态平衡。

人们通过不同路线体验建筑空间时，身体可以感知到不同视角、不同时序的透视片段。而体验片段的不断叠加将形成一系列殊为不同的行为事件。身体感知和空间存在共同导致情节事件的发生，同时事件的曲折也激励着更加深入的身体感知和体验。因此，“空间—身体—事件”的关联性方法是指在特定空间下（此处具体指建筑教学空间），通过身体感知获得不同的体验片段，从而促使相关空间事件的发生（自我实践和空间实践共同发生），同时这些实践也将反作用于空间的构建与塑造。

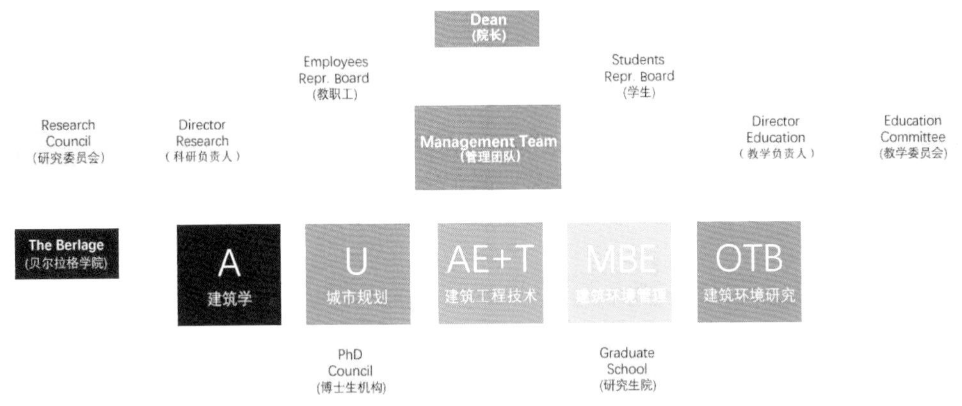

图 4-11 学院组织机构简图（2019 年版本）

图 4-12 BK City 鸟瞰图

代尔夫特理工大学的建筑学院在荷兰语中的名称为 Bouwkunde，其中 Bouw 是指各项建筑活动与构筑物，Kunde 则指手工艺，同时也表示知识与技艺的集合。学院一共有五个系，分别是建筑学、建筑工程技术、建筑环境研究、建筑环境管理、城市规划，这些学科共用这座被称为 BK City 的建筑系馆。2008 年，一场大火意外烧毁了原本的建筑楼，校方最终决定对校园最北端的一座老建筑进行改造，并加建成为现在的

图 4-13 BK City 主入口

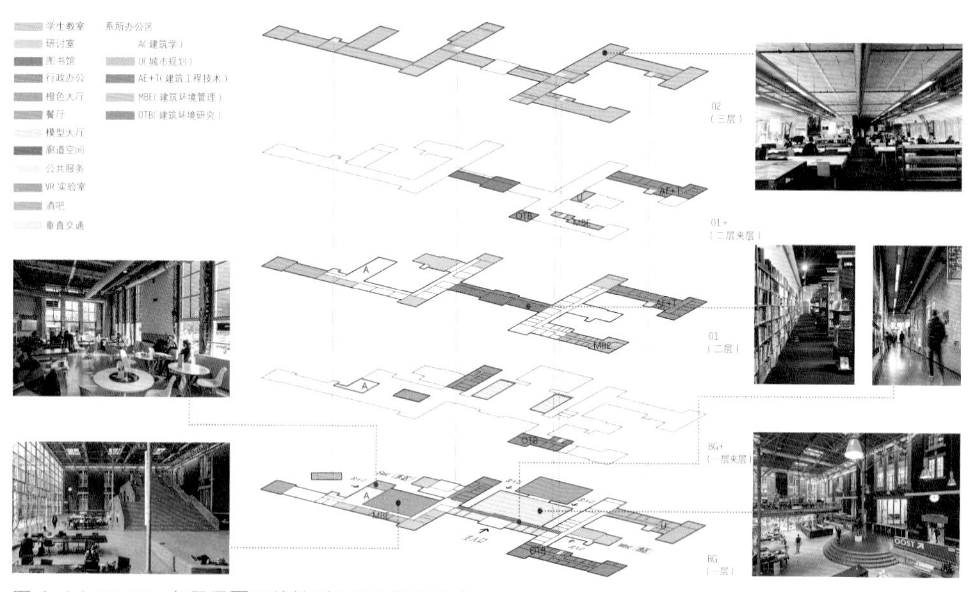

图 4-14 BK City 各层平面图的轴测分析与空间节点

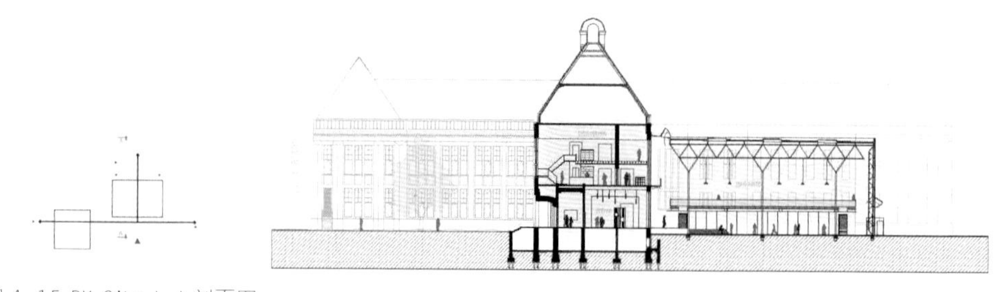

图 4-15 BK City A-A 剖面图

建筑系楼[1]。新系馆共有三层，占地空间宽阔，由走廊、共享大厅和走道串联起的大大小小的教学与办公空间构成，系馆在创造交流互动空间的同时，也提供相对独立的工作空间与环境（图 4-11 至图 4-13）。

荷兰的教育理念追求求实创新、开放多元。代尔夫特理工大学的建筑教学是以学科大平台为背景、工作营为基本单位、研究为导向的课程体系。它注重设计逻辑的推理过程，以设计带动思维训练。该校的教学体系基于荷兰特定的地理和文化背景，以理性和灵活的思想开展教学、研究和实践活动。开放包容的办学理念令学校站在全球化视角看待建筑学科及教学。相较于其他世界知名建筑院校，如 MIT 的教育面向现实问题，注重理论前沿和实效性；ETH 注重设计方法与建构逻辑，以理性分析获得设计推论与灵感；UCL 的教育模式则更多地面向不确定性的未来，颇具试验性。代尔夫特的建筑学科研究领域相对更加多元，难以固化的一种模式归类。这种活跃民主、融合共通的教学理念显然也影响着教学楼的空间质感。步入学院的那一刻，就能令人感受到迎面而来的欢快气氛和多样特征（图 4-14、图 4-15）。

BK City 内最知名的空间便是极具特色的橙色大厅（Orange Hall），它由 MVRDV 事务所设计，在 2009 年获得了 LAi 奖[2]。其中包含被称为“问题工厂（Why Factory）”的混合工作坊，工作坊在组织机构上是与代尔夫特理工大学共同管理的独立专家小组和研究团队。MVRDV 设计的高达三层楼的整体钢结构，容纳叠合渗透的多样空间，包括演讲大厅、大小不同的多个会议室以及研究机构的学习场所，还包含散布在演讲大厅周边的学生日常使用频率最高的学习工作台，充分体现以学生为主体、以日常为核心、以混合激发碰撞的空间理念。该空间以其明亮奔放的橙色而与众不同，是代尔夫特理工大学建筑学院最为核心的空间中心和教学理念的独特宣言。合作设计师理查德·胡滕（Richard Hutten）设计了灵活的家具，使论坛馆周围的空间可以满足不同的功能需求，研究活动、演讲论坛或展览事件可以同时并存。有意思的是，当大厅正在举办凡·艾克 100 周年纪念活动时，学生们可以选择一边倾听赫兹伯格（Hertzberg）的激情演讲、一边继续小团队的讨论。这似乎是 BK 城中交流互通的

1 改建面临的最大问题是，如何让这座老楼容纳更多的学生，提供大量的空间来满足制作模型和作图的需要。校方的解决办法就是，设计尽可能多的共享空间。很多教师都取消了固定的办公室，而是在教室改建的办公室里共同办公。学生也没有固定的座位（不少大学的建筑系学生拥有固定座位以摆放各类模型、图纸和材料），而是在教学楼的任意角落的公共学习桌上学习。

2 MVRDV 通过对未来城市的设想，为建筑和城市化提供论据。事务所以一种概念性的方式开展工作，通过设计（有时是通过示意图的表达）可视化并讨论不断变化的条件。

一种常态，并不成为相互之间的干扰。与此同时，问题工厂（Why Factory）工作坊也是硕士研究生的 Studio 课程，由 MVRDV 事务所创始人威尼·马斯（Winy Maas）教授及其团队担任教学导师。工作坊以开创性研究、前沿思维和校内外合作创新的教学特点而闻名。其空间模式为新形势的教育和研究提供高质量的教学场所，创造更加灵活多变的功能空间，提供积极开放的学习、工作和娱乐环境。

空间存在——教学空间的责任

图 4-16 模型制作室

图 4-17 橙色大厅

新系馆保留旧建筑内部多个半开放式的院落，通过增设屋顶和围护结构，形成钢骨玻璃质感的盒体空间。其一是位于平面中轴线上的三合庭院，由 Richard Hutten

Studio 设计，灵活开敞的空间中布置了八个用作模型制作的隔间。工作桌也是为教学成果的展示和复合功能而设计，下方的搁架用来存放模型，底部安装了滑轮可轻松拉动，适时为开展论坛和演示活动腾出空间。各式各样的模型成品和正在制作工作模型而忙碌专注的学生群体成为建筑学院的标志性空间景象。另一个，便是位于系馆西侧的橙色大厅，其巨型阶梯是设计的一大亮点。学生可以坐着交谈、娱乐、休憩，阶梯下部的空间时常举办发布会、设计展和研讨会等活动。整个空间轻松舒适，体现了 MVRDV 对于立体空间长期秉持的一种执着情怀。大厅一楼设有会议室、演讲室和办公室，顶层是“问题工厂”工作坊（图 4-16、图 4-17）。

正如舒尔兹所认为的，存在空间的感知与场所本身、事件活动紧密相连。橙色大厅创造出的灵活性场所，让来自全球各地学子的不同意识在空间中碰撞。不同类型的认知在现实中深入交流，各类活动诸如讨论、研究、阅读、闲聊随时发生。在技术发展日新月异的今天，学习已成为终生事业。教学空间更多的责任是提供知识交换和文化交流的平台。空间成为教育的积极展示者，它为学习和交流提供载体，为思考和探讨创造氛围。学生在教学空间的存在与流动下不断循环、重塑、再现他们的学习行为和感知体验，学习得以真正融入并成为日常生活的一部分。

感知体验——教学主体的经验

人们对空间产生兴趣的真正根源，在于其勾起记忆的情感体验和经验习惯。在橙色大厅的大阶梯平台上，橙色盒体容纳的大小不一、不同楼层的工作室为师生提供了交流场所，师生习惯在此驻足停留。这里甚至成为最有辨识度的会客点。学院三楼专业教室通长的大空间内所营造的安静浓厚的学习氛围，则更符合绘图、学习、阅读、研究和制作等行为习惯。学院中另一处值得关注的空间是与西餐厅联通的模型制作厅：它位于主入口不远处，堪称学院最奢侈的一处空间。学生乐于在此工作，共享充足的阳光、开阔的层高和轻松的氛围，更重要的是模型大厅与西餐厅直接相连，摒弃了传统意义上学习与餐饮功能严格区分、相互割裂的做法。这样的空间组合鼓励学习与生活的密切交织——混合功能的深意应是真正践行以人为本的设计思想。除了学生使用的空间，教师工作室也拥有类似的空间体验。透过窗户一侧，教职人员可以俯瞰整个橙色大厅，在楼梯上亦可感受视线的互动和空间的呼应。以上提及的体验与认知往往不受时空和具体位置变迁的影响而构成永恒的回忆体验（图 4-18、图 4-19）。除此之外，室外酒吧、咖啡厅、餐厅、图书馆乃至不同工作室都具有丰富的空间特征和氛围质感，色彩、家具、灯饰也成为空间内独具特色的感知细节。

现代教育对传统的师生主客体关系的认知，正逐步转向“主体间性”，更加关

图 4-18 专业教室

图 4-19 教师办公室

图 4-20 室外空间

图 4-21 咖啡厅

注师生、人与空间之间多向的交互关系。开放性的空间和教育图景更能唤醒和激励个性主体之间的互动与认知。身体感知是一种媒介，体验与记忆不仅停留在建筑外观形体上。正如霍尔所认为的“建筑表达更深层的意义在于人们行进于建筑中所得到的体验——时间、空间、光线、阴影、肌理、质感和色彩等一系列‘现象’与人的经验融为一体的体验”（图 4-20、图 4-21）。

行为事件——教学活动的需求

当代建筑师通过空间操作来发掘事件，将事件引入建筑，强调人在建筑空间中的各种体验活动和感受。这些主观的活动和感受能更好地诠释空间的意义。BK 的新馆与旧馆相比，原先具有古典主义平面特点的一部分走道被保留下来，其中两处走道经改造后被赋予“街道”的含义。第一处是从底层门厅通往东西两侧的走廊，被设计成学院内部的新街道——凹凸进退的街道界面上装饰了缤纷的霓虹灯，橱窗里展示着模型和图纸。第二处是二层图书馆入口处的宽阔走廊，一侧墙壁上印刻着全球建筑师的名字，另一侧则展示了早年在火灾中被抢救出的名贵家具（被称为 Chair Exhibition）。新系馆利用这样的日常性“街道”展陈作品、追忆过往历史，并充分利用橱窗和墙面在动线中展示设计，从而潜移默化地增强教学氛围。除了兼作展示功能的线性空间之外，BK 城还设有专门的各类展厅：既用于公开评图与模型制作，也可举办小型展览。在这样的偶发性空间里，教学活动的需求是自然而然地被激发的，知识和信息随处交流，思维的火花可随时碰撞。现代主义建筑常常赋予空间统一、明确的功能，其空间多是定型的、均质的，而“事件空间”则以多样、片段、不定性、功能不明确的状态层叠出现[8]（图 4-22 至图 4-24）。

图 4-22 霓虹灯走廊

图 4-23 椅子展示墙

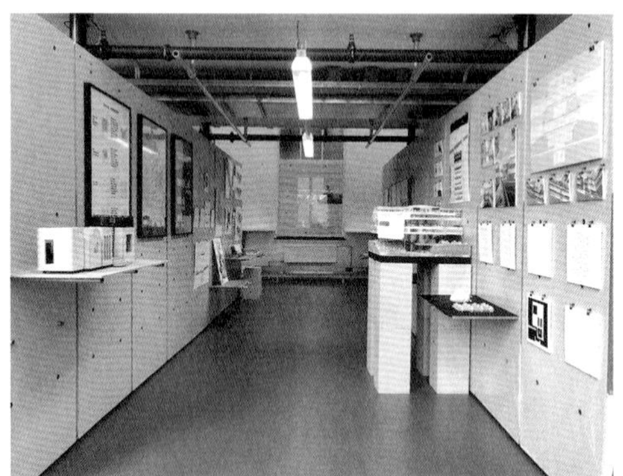

图 4-24 小型展览空间

4 空间之外与反思

可以看到，“问题工厂”既是空间模式的指代，也是教学活动的命名，更是空间实验的启示。代尔夫特理工大学建筑系馆成为一座既可以探索未来教学可能性又可展现未来校园特质的建筑，并引发更多关于教学空间的讨论和模式实验。在寻求个人或特定群体之间新平衡的同时，学院实施新的教学、工作、正式和非正式会议、学习、写作和社交概念。虽然这种平衡受到外部稀缺资源压力、经济危机和气候变化的综合影响，但是新系馆的建成促进了建筑物再利用和更多设施的共享。可持续发展的设计方向使系馆本身和整个建造过程都成为教育和研究的典型案例。对于建筑学科来说，这座建筑就是一座终极实验室。

建筑系馆面向丰富的使用人群，其空间模式的组构十分重要：为谁提供空间，提供何种空间，承载何种事件。虽没有标准答案，但围绕“空间—身体—事件”的关联度话题可以指向某种更为明晰的思路。建筑系馆的空间与建筑教学模式始终保持着千丝万缕的联系。路易斯·康(Louis I. Kahn)曾描绘过最初的教学空间：师生同坐在树下，圈出的地方就可以产生教与学。在某种程度上，教学也许需要不同的外在条件，但总是在人与人之间发生。当师生路过一些兼顾学习与交流的小空间，为温馨的灯光或咖啡的芳香而停留时，空间就已经与“身体”发生了交流。建筑教育空间和教学活动更是互相作用的，学生在建筑系馆中对空间的感知能够激发交往活动并促成对空间的理解。应对不同的教学模式和多样化的空间事件，空间模式将对教学效果、学科发展产生积极影响。BK City 正是以这样多层次叠加的学习空间，满足日益多样化的学习行为和多类型空间体验的可能性。

当今建筑学科已然步入全新的阶段，人工智能、数字化建筑迎面而来。未来的建筑教学空间应更具适应性与可塑性，以满足培养未来建筑师的需求。面对中国高校建筑系馆空间的多元化发展，秉持与时俱进的建筑学教育观念及当代精神殊为可贵。BK City 及相关案例清晰地表明：建筑系馆理应成为能够容纳大量事件可能性和空间想象及实验的场所。回归空间体验本身，建筑系馆的空间意义终将聚焦于表达空间形式、传递空间属性、延续场所精神并促进空间创新之上。

（原文发表于《新建筑》2021.02 刊，孙磊磊，朱峰极，敬莉萍）

参考文献

[1] 和马町，尚晋 . 西方大学建筑教育空间概述：类型与室内组织 [J]. 世界建筑 ,2017(8):10-19.

[2] 顾大庆 . “布扎”，归根到底是一所美术学校 [J]. 时代建筑 ,2018(6):18-23.

[3] 顾大庆 . 美院和工学院 从中国美术学院建筑艺术学院谈中国建筑教育的格局 [J]. 新美术 ,2017,38(8):14-17.

[4] 卢峰，黄海静，龙灏 . 开放式教学:建筑学教育模式与方法的转变 [J]. 新建筑 ,2017(3):44-49.

[5] 张利 . 设计教学空间的立场 [J]. 世界建筑 ,2017(7):8-9.

[6] 诺伯格・舒尔兹 . 存在・空间・建筑 [M]. 尹培桐，译 . 北京 : 中国建筑工业出版社 ,1990.

[7] 梁雪，王莹，斯蒂文·霍尔 . 建筑现象学思想的发展与实践 [J]. 世界建筑 ,2012(4):114-117.

[8] 大师系列丛书编辑部 . 伯纳德・屈米的作品与思想 [M]. 北京 : 中国电力出版社 ,2006.

[9] https://www.tudelft.nl/en/architecture-and-the-built-environment/about-the-faculty/departments/

[10] 褚冬竹 . 从灾难到机遇：荷兰代尔夫特理工大学建筑系馆的重生 [J]. 室内设计，2010, 25(4):35-46.

[11] https://www.mvrdv.nl/about/awards

[12] https://www.mvrdv.nl/projects/64/the-why-factory-tribune

[13] Jane Sitza, Cindy Baar. Education is no longer just for the young: Francine Houben sees the design of libraries, campus buildings and offices merging[J]. FRAME, 2017(1): 149-151.

[14] Enya Moore, Anouk Haegens. New School-Master Class: 8 key strategies for shaping learning space[J]. Frame, 2017(1): 156-175.

[15] 孙磊磊，黄志强，唐超乐 . 叠透与弥散 : 非功能空间的可能性 [J]. 建筑学报 ,2017(6):58-61.

[16] https://www.tudelft.nl/en/architecture-and-the-built-environment/research/research-facilities/chair-collection/

[17] Alexandra Den Heijer. The making of BK City:The ultimate laboratory for a faculty of architecture[C]//The Architecture Annual 2007-2008 Delft University of Technology.Delft，2009.

[18] 天妮，尚晋 . 代尔夫特理工大学建筑与建成环境学院 卡斯・卡恩访谈 [J]. 世界建筑 ,2017(8):30-35.

图片来源

图 4-1：https://www.britannica.com/topic/Ecole-des-Beaux-Arts

图 4-2、图 4-4 至图 4-6：http://www.archdaily.com/

图 4-3、图 4-7 至图 4-10、图 4-14：作者自绘

图 4-12、图 4-13、图 4-20、图 4-21：http://www.braaksma-roos.nl/project/bk-city/

图 4-14 中照片来源：作者拍摄及 http://www.braaksma-roos.nl/project/bk-city/

图 4-11、图 4-15：根据学院官网资料改绘

图 4-16 至图 4-19、图 4-22 至图 4-24：作者拍摄

包豪斯与荷兰建筑师

Bauhaus and Dutch Architects

5 空“鼓”传音

A Lot of Noise on a Rather Empty Drum

1919 年，沃尔特·格罗皮乌斯（Walter Gropius）创立包豪斯艺术学校之时，正值第一次世界大战余烟渐熄。战争摧毁了欧洲，特别是德国。阴云遮蔽，希冀创生。彼时的格罗皮乌斯希望集结艺术家、工匠与建筑师之力，创建一个美好新世界，“有朝一日，他将会从百万工人的手中冉冉地升上天堂，水晶般清澈地象征着未来的新信念”。创立之初的魏玛包豪斯受工艺美术运动影响，执着于手工艺的训练和艺术理念的培养。伴随功能主义风潮鹊起、抽象艺术深度介入以及——或许最重要的是——德国经济困境的多重压力，包豪斯于 20 年代初迈向新风格。除受到德意志制造联盟（Deutscher Werkbund）的直接影响外，包豪斯还广泛吸纳了同时代的荷兰风格派与苏俄构成主义两大艺术流派的先锋思想，其代表人物分别为范·杜斯伯格（Theo van Doesburg）与瓦西里·康定斯基（Wassily Kandinsky）。鲜为人知的是，14 本包豪斯丛书（Bauhausbücher）中有 3 本是由荷兰风格派的成员蒙德里安（Piet Cornelies Mondrian）、杜斯伯格以及建筑师雅克布斯·奥德（J.J.P. Oud）所撰写，毫不夸张地说他们共同影响了前五届包豪斯的教学模式与发展历程。1925 年，包豪斯搬往德绍，1932 年迁往柏林。最终，于 1933 年在路德维希·密斯·凡德罗（Ludwig Mies van der Rohe）任职校长期间，被纳粹无情地强制关闭，大约有 30 人从包豪斯逃往荷兰。悲怆时局阻挡不了艺术与理想之花，许多包豪斯人依然积极参与艺术教育，开设小型工作室并将创意付诸实践。

荷兰籍包豪斯师生的传记中，最引人注目的就是一战之后荷兰与德国在建筑、艺术等领域间的隔空传音、频繁交流。在两国的联系网络中，鹿特丹建筑师奥德和柏林建筑艺术评论家阿道夫·贝恩（Adolf Behne）成为最重要的沟通桥梁。同时，风格派运动对包豪斯的影响持久而深远（2017 年为“荷兰风格派运动”发起 100 周年），它涵盖了教学、展览、建筑、家具、平面与纺织等多个交叉领域。1923 年，奥德受邀在魏玛包豪斯演讲，轰动一时。包豪斯举办的对后世影响至深的首次展览“包豪斯周（Bauhauswoche）”中收录了大量荷兰建筑师作品，也引发出不同的声音，甚至争议。

2019 年 2 月 9 日至 5 月 26 日，包豪斯百年华诞之际，纪念包豪斯 100 周年特展在鹿特丹博伊曼斯·范伯宁恩博物馆（Museum Boijmans Van Beuningen）举办。展览精彩纷呈，回味深远。正如当年“包豪斯周”展览上对荷兰建筑的包容吸纳与广泛传播那样，如今于荷兰呈现的跨越时空的纪念展何尝不是对双方百年来生生不息互通交流的致敬与回望？百年一瞬，星火燎原。再次回望包豪斯历史的无数断面，就像指尖划过琴键，依然传来理想之音，打破沉寂。历史钩沉中的浮沉人浪与思想学说最终都化作字符篇章，静静流传。展览同名出版物《荷兰—包豪斯：新世界的先行者》（Netherlands-Bauhaus：Pioneers of A New World）汇聚了 21 位欧洲学者的学术贡献，与展览紧密呼应、相互映衬，全方位展现包豪斯百年历程及其与荷兰建筑界千丝万缕的网络勾连（图 5–1）。赫尔曼·凡·贝赫艾克（Herman Van Bergeijk）教授的文章即为其中一篇。译者得到作者授权，将其整理翻译，以供中文读者品阅。

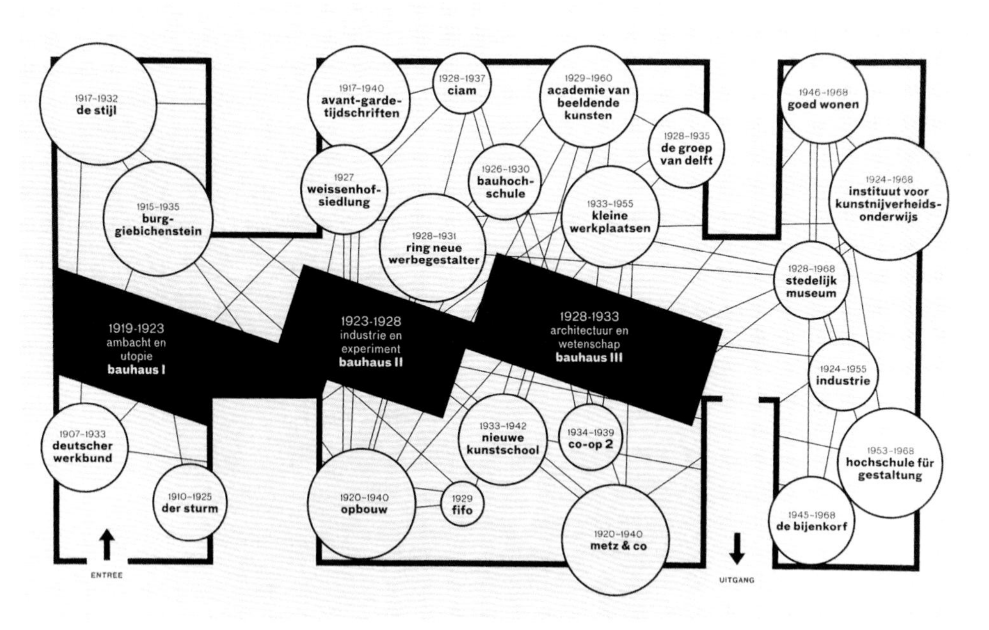

图 5–1 荷兰“纪念包豪斯 100 周年特展”导引图

包豪斯对荷兰的影响（反之亦然）并不局限于文中所提到的人物，以及与这些人物有关的学校、组织、杂志、展览、公司和工作坊。一百年前，包豪斯试图为新兴工业社会带来的挑战提供解决方案，从而平等分配权力和财富；当今，数字技术和环境的变化开创了更加迥异的局面。虽然包豪斯源自西方社会，但当代设计师们不得不对全球性问题做出回应。现如今与同侪交流的方式和速度远远优于战乱时期。德国包豪斯和荷兰建筑师在没有现代数字技术的情形下，依然通过相惜的理念和开创之精神成功地找到了彼此，相互辉映地奏响了新世纪的鼓音。为了更清晰展现原文语境与人物谱系，

图 5–2 沃尔特·格罗皮乌斯与阿道夫·迈耶的《魏玛建筑》（Weimar Bauten）杂志

译者撰写了引言及补充注释。原作出版于 2019 年 2 月，拥有荷兰语和英语版本。以下为正文。

如今，“包豪斯”一词在很多领域已成经典、广为传颂。尤其对于建筑学，包豪斯总是意味着广泛的外延和深刻的源泉。但事实上，创校之初的包豪斯并没有全面倾注于建筑教育。校长格罗皮乌斯早年间严格区分在校教学与事务所实践，并一直让阿道夫·迈耶（Adolf Meyer）管理着自己的建筑项目（图 5-2）。直到后来，包豪斯才在课程体系中逐渐引入建筑学课程，格罗皮乌斯本人则成为标准化与团队合作的热情倡导者。正如法国小说家米歇尔·维勒贝克（Michel Houellebecq）在 2010 年观察到的那样，最初格罗皮乌斯遵循了英国工艺美术运动的精神之父——威廉·莫里斯（William Morris）的课程计划。“但随着包豪斯日益追随工业化，它变得更具功能主义和生产主义。”这一表征主要体现在建筑领域。我们亦可从德国与近邻荷兰的交流，尤其是德国建筑师、包豪斯人与荷兰建筑师奥德等人物的历史交集中窥见千丝万缕的联系和发展线索。

1 一战过后：交流初显

1918 年 2 月，在阿姆斯特丹举行的住房大会上，实现住房工业化的呼声渐起。贝尔拉格（H. P. Berlage）基于此次会议出版了他的小册子《住房标准化》（Normalisatie in Woningbouw），以指明荷兰住房建设标准化的可能性及其后果。贝尔拉格洞察到城市未来的新机遇，并宣扬混凝土的重要价值——其形态的多样性与可塑性足以支持丰富的实验性实践。同年在德国，建筑师彼得·贝伦斯（Peter Behrens）则指向了另一个方向。他在与海因里希·德·弗里斯（Heinrich de Fries）共同撰写的《关于经济建设》（Vom sparsamen Bauen）（1918）一文中，提出划分地块的新方法。相较于贝尔拉格对住宅工业化的兴趣，贝伦斯和德·弗里斯当时几乎没有提到工业化可能带来的贡献。

与荷兰建筑师不同，许多德国建筑师目睹了战火，并饱受这些经历的创伤[1]。他们渴望通过富有表现力的绘画和文字，创造一个理想中的新世界。“玻璃链”（Glaserne Kette）是一群在 1919 至 1920 年间以连锁信的形式互通有无的建筑师[2]。发起人布鲁

1 ［译者注］一战期间，荷兰作为中立国，成为各国艺术家、设计师的理想庇护所。

2 ［译者注］1919 年陶特和他的朋友们组成艺术劳工委员会，由于政治压迫，他们不得不转用书信联络。这一系列信件被称为“玻璃链”。成员写下对现代艺术的感悟并互相分享讨论，他们甚至给自己起了新 ID，陶特叫 Glass（玻璃），格罗皮乌斯自称为 Mass（体量）。

诺·陶特（Bruno Taut）和其他“玻璃链”成员的作品成为德国危机时期实验性思想的萌芽。

尽管房地产市场缓慢而坚实地在荷兰及德国有所恢复，但巨额战争赔偿仍给德国经济带来了巨大压力。这导致了在1920年后，许多年轻的德国建筑师纷纷向荷兰看齐，两个邻国之间开始进行密集的思想交流。建筑师们彼此通信、互相拜访、组织展览和短途旅行。前往荷兰旅行对于德国人来说尤其诱人，因为他们能够借机使用外汇。而在两国的关系网络之中，有两个人物扮演着关键角色：鹿特丹建筑师奥德和柏林建筑与艺术评论家阿道夫·贝恩。两人不仅在荷兰与德国艺术家之间的交流中发挥了重要作用，更共同致力于实现1923年举办的“包豪斯周”展览。这场展览不光展示了包豪斯在校师生的作品，也为“国际式”建筑集体亮相提供了平台。

2 阿道夫·贝恩[3]：包容之音

贝恩最初是被表现主义——试图通过彩色绘画表达一种富有远见及感染力的艺术和建筑形式所吸引的。1920年，贝恩开始对荷兰建筑感兴趣。通过德国评论家弗里德里希·马库斯·赫伯纳（Friedrich Markus Huebner）的引荐，他结识了当时荷兰最杰出的一批艺术家。1920年10月3日，他写信给奥德：“我对陶特及风格派所持的观点都有所共鸣，这并不令我感到惊奇。而你觉得奇怪是因为，你认为它们是对立的两端。”[4] 对于贝恩来说，艺术中没有教条：所有流派都有存在的权利。在建筑评论家沃纳·海格曼（Werner Hegemann）看来，贝恩的观念难以评判，但他确实是一个“可爱、诚实的人”[5]。能够同时接受两种背离的观点正是他极大的优点。1921年，贝恩支持了荷兰“建筑与友谊（Architectura et Amicitia）”协会组织的一个关于德国建筑的大型展览。与此同时，他也是柏林艺术劳工委员会（Arbeitsrat für Kunst）及其各种活动的幕后推手[6]。他常为荷兰诸多杂志，如《扭转》（Wendingen），《黏土》（Klei）和《建筑周刊》(Bouwkundig Weekblad)等撰稿。

3 ［译者注］贝恩始终作为包豪斯的编外人员参与学校的教学规划。他在20年代初前瞻性地摈弃了表现主义，回归“即物主义”的理论导向，将风格派和结构主义引入包豪斯；并于1926年完成《现代功能建筑》（Der Monder Zweckbau），对包豪斯的“国际风格”转向起到关键作用。

4 ‘Es ist Ihnes, was mich nicht verwundert, etwas seltsam, daβ ich gleichzeitig Sympathien habe für Taut und De Stijl-Dinge, die Sie als unvereinbare Gegensätze empfinden.’见文后参考文献[5].

5 ‘ein liebenswerter, ehrlicher Mensch’，见参考文献[6]。

6 ［译者注］艺术劳工委员会由陶特和贝恩创建。他们有意识地对苏俄进行模仿，在其乌托邦和表现主义活动中附加政治主张。

多年来，贝恩和奥德之间的联系十分密切。1921 年 10 月，贝恩邀请建筑师奥德为柏林的“卡伦巴赫之家（Kallenbach House）”提交设计稿（图 5–3），格罗皮乌斯也为此

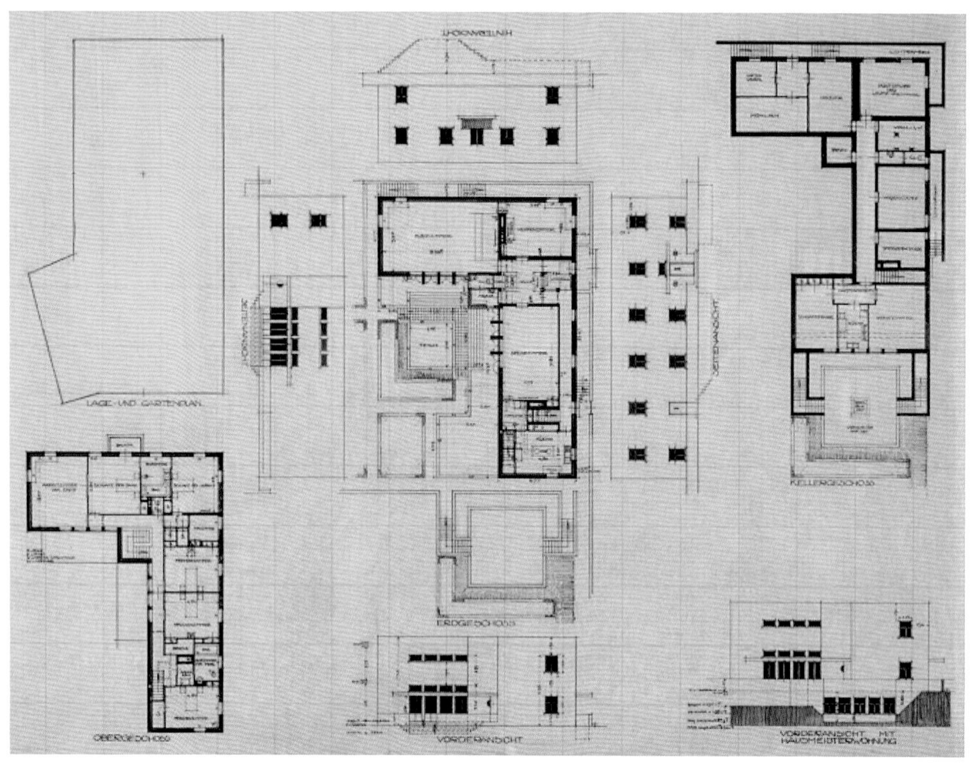

图 5–3 奥德递交的“卡伦巴赫之家”设计稿

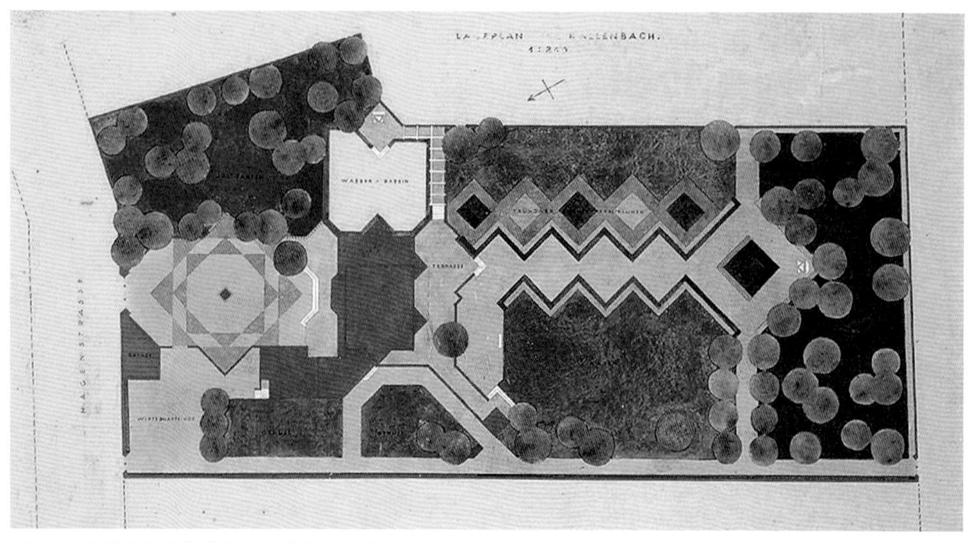

图 5–4 格罗皮乌斯递交的“卡伦巴赫之家”设计稿

准备了一套竞标方案（图 5-4）。从总图上可以清楚地分辨，格罗皮乌斯当时仍深受表现主义的影响。但他很可能从那时起开始关注奥德的作品。随后，在格罗皮乌斯 1922 年设计的“阿尔伯特·孟德尔之墓(the Grave of Albert Mendel)”等项目中，奥德的影响已渐渐浮现。此外，贝恩能够察觉到一种全新的建筑观念正在荷兰形成。他注意到威廉·杜多克（Willem Dudok）、奥德和简·维尔斯（Jan Wils）的作品中流露出一股强烈的建造冲动。贝恩在《火焰》（Feuer）杂志上曾写过，“无主的纸塔”[7] 正在让位于以人为本的建筑！

同样的趋势在包豪斯也显露无遗。1923 年，贝恩撰文指出：“虽然学校经历了几次浪漫危机，通过领导者所秉持的谨慎、坚持和开放的态度，我们可以预见学校将日益适应当前及未来的重要任务，并成为培育新艺术的真正力量。”[8] 不过，或许他的赞扬有些操之过急了，当 1923 年包豪斯展览于奥古斯都开幕时，诸如贝尔拉格、亨利·范·德费尔德（Henry van de Velde）、贝伦斯及阿道夫·路斯（Adolf Loos）等知名建筑家均未出席。几年后，在他的《现代功能建筑》（Der Moderne Zweckbau）（1926）一书中，尽管奥德极力主张只收录来自“我们的运动”中的作品，贝恩依旧海纳百川地描绘了现代建筑的广阔全景。而奥德本人在魏玛包豪斯时期的表现却并不算十分活跃[9]。

贝恩是唯一一个将包容性的目光投向荷兰本土建筑的人。尽管德·弗里斯和路德维希·希伯森默（Ludwig Hilberseimer）也对荷兰建筑感兴趣，但他们的注意力被完全不同的建筑师所吸引。比如，德·弗里斯更倾向于宣扬那些展示赖特建筑影响力的建筑师[10]。而希伯森默则在《艺术报》（Das Kunstblatt）杂志上发表了一篇关于“奥德的住宅建筑（Oud's Wohnungsbauten）”的文章，借奥德的实践呼吁人们应将建筑的基本元素有机地组合起来。

---

7 ‘papierene Pagoden für Niemanden’. 见参考文献[5]。

8 ‘...verschillende romantische crisissen doorgemaakt. Maar het is door de verstandigheid, de vasthoudendheid en de onbevoor-oordeeldheid van zijn leider te verwachten, dat hut zich steeds meer aan de nu en voor de toekomst belangrijke opgaven aanpast om een werkelijk sterke factor te worden in de voorbereiding van een nieuwe kunst.’ 见参考文献[7]。

9 参见《荷兰—包豪斯：新世界的先行者》一书中伊冯娜·布伦特詹斯（Yvonne Brentjens）的供稿，p.88。

10 ［译者注］赖特的作品在 1910 年传到欧洲并引起了广泛的关注。风格派建筑师得以借鉴参考如何将新造型主义的形式构成运用于实际建筑中。建筑师范特霍夫（Robert van't Hoff）在 1919 年明确以赖特为范本建造的混凝土住宅获得风格派成员的一致赞誉，被引为荷兰风格派建筑的初期代表作。

3 陶特、门德尔松与贝伦斯：差异之声

奥德本人对荷兰本土的当代建筑了如指掌，而且由于会讲德语，他很快便接触到众多德国先锋派的代表。他在《风格》与《建筑周刊》上发表的一系列文章使自己名声大噪，并在德语杂志上撰文介绍被后世称为荷兰现代建筑之父的贝尔拉格。1921年，奥德受"结构（Opbouw）"建筑协会（即鹿特丹小组）邀请，做了一场关于"荷兰建筑及其未来"的演讲，反响热烈。之后他在德国境内多地巡回，宣传扬荷兰建筑。演讲文本则由格罗皮乌斯的商业伙伴阿道夫・迈耶翻译出版在1922年的《曙光》（Frühlicht）杂志上。奥德的声誉在德国稳步增长，甚至在1923年被评为"最有趣的荷兰建筑师"，人气已然超越了杜多克。

另一边，在荷兰，隔岸传音者主要包括德国建筑师代表人物贝伦斯、门德尔松（Erich Mendelsohn）和陶特，他们多次发表演说，尽管他们对许多论题各持己见，但几乎都一致认为建筑需要融入色彩。不过，他们在荷兰收获的反馈略显差异：建筑师亨德里克・威德维德（Hendrik Wijdeveld）和奥德都乐于接受陶特的激进思想；1921年，门德尔松在阿姆斯特丹就新建筑的问题进行了演讲，威德维德受到他演讲的强烈触动；而以设计A.E.G.工厂而闻名于世的建筑师贝伦斯的论调则较为温和，产生的反响反倒并未凸显。

尽管如此，1922年，贝伦斯与奥德之间进行了一场有趣的交流，主题并不是关于他所钟爱的比例体系，而是关乎色彩。当时，奥德与《风格》的编辑杜斯伯格有过一段不甚愉快的经历。杜斯伯格提议其为鹿特丹的斯潘根（Spangen）社区制作配色方案，他确信色彩能够提升建筑——这是同年他在魏玛盛情宣扬的观点。而奥德则对此持有不同的意见，尽管如此，他仍然表示对这个论题有兴趣[11]。

贝伦斯向奥德介绍了阿道夫・赫尔策尔（Adolf Hölzel）的作品。赫尔策尔是一位德国艺术家、色彩理论家，在包豪斯有诸多追随者，其中最知名的就是奥斯卡・施莱默（Oskar Schlemmer）。贝伦斯还向奥德推荐了一篇由他撰写的文章——《精神与艺术问题的重构》（Das Ethos und die Umlagerung der künstlerische Problemen）。然而，奥德对贝伦斯文中的某些观点持保留意见，正如他写给贝伦斯的信中所言："我对浪漫主义和古典主义艺术的并置倍感兴趣。尽管我必须承认，它

11 ［译者注］在斯潘根社区的设计中，奥德采取了细致、敏感的方式来表达个体与整体的联系：门窗在立面上的体现、单元住户在居住体中的体现、个人在社区中的体现等。通过强调街道、立面以及对于城市的连续性和整体性，使整个街区以一种公社性的、多样统一的形式存在。

们都有平等存在的权利，但我不同意你所认为的这个时代需要两者兼备的观点。”[12] 至于门德尔松，则力求将两者融合起来。奥德依旧不属于这派观点，他在信中表达：“我认为这些特征中的某一个应当在不同建筑时期占主导，具有突出地位。如此，现有的力量才能以最佳的方式协同工作，从而共同努力实现目标。”[13]

不过，奥德并不排除在未来，另一个方向可能占据主导：“对我来讲，我们这个时代的特征从各方面来看都是古典的（组织或类型），总的来说呈现出有序性，因而我们自然就不需要浪漫主义……我们首先需要的是风格，这是技术发展的体现。”[14] 奥德是机器技术的狂热追随者。他拒绝妥协，不采信鲜明的观点。与许多德国建筑师的差异在于，他的立场并没有被政治所左右。奥德不想改变世界，他反对所有那些乌托邦思想，包括艺术劳工委员会的领导人——陶特、贝恩及格罗皮乌斯所倡导的社会主义。

4 荷兰建筑师前往德国

随着许多德国建筑师访问荷兰，他们年轻的荷兰同仁也纷纷前往德国工作或进修。杜斯伯格拜访了陶特、贝恩等建筑师，并希望能留在包豪斯任教。可由于他与格罗皮乌斯的观念有别导致意见不合，最终也壮志未酬。但实际上，杜斯伯格确实在包豪斯开设过一门短期课程。从当年的 3 月 8 日至 7 月 8 日，他每周上两小时的课，旨在探索一种没有固化形式的新建筑。这些课程却给格罗皮乌斯带来了极大的烦恼，因为格罗皮乌斯在与伊顿（Itten）的早期矛盾了结之后，并不希望学校再受到任何“破坏性”因素的影响[15]。但他也明白包豪斯的课程亟须调整，需要更多地关注建筑本身。

---

12 ‘Gerade die Gegenübereinanderstellung romantischer und klassischer Kunstauffassung interessiert mich besonders. Obwohl ich zugeben rnusz, dasz beide gleich grosze Existenzberechtigung haben, so kann ich nicht Ihrer Ansicht sein, dasz unsere Zeit beide braucht’. 见参考文献 [9]。

13 ‘Ich bin nämlich der Meinung dasz in jeder Zeit in der Baukunst eine dieser Charaktere ausgesprochen zu Tage treten musz, damit die vorhandenen Kräfte [so] viel möglich zusammen arbeiten und kollektiv einem Ziel nachstreben’. 见参考文献 [9]。

14 Wenn ich sage, dasz für mich der Charakter unserer Zeit klassische Tendenzen in jeder Hinsicht hat (Organisation, Typisieren, im allgemeinen Ordnungs-mässig ist) so möchte ich damit keineswegen die Romantik [...] wir dennoch brauchen erst — meiner Meinung nach — noch den Stil, die künstlerische Verkörperung unsere technischen Entwicklung’. 见参考文献 [9]。

15 ［译者注］伊顿是建立包豪斯的创校元老之一。他在基础课程训练的教学上，摆脱了传统学院派的束缚，强调对材料的观察、研究与实际运用。然而，他个人直觉式、神秘主义的教学偏离了包豪斯与工业生产结合的宗旨。1922 年，伊顿因其教学与包豪斯主旨不符被劝退。可见，格罗皮乌斯拒绝使包豪斯受某一艺术流派的过分影响。

在他看来，改革需要时间的沉淀和漫长的思考过程。因此，当贝恩在 1923 年包豪斯展览上提出批评性评论时，格罗皮乌斯备感失望，并苦闷地写信给他："亲爱的埃克哈德（Eckhard，贝恩的昵称），如果你不从事这样一项无能的、过时的、迂腐的职业，你将会是多么可爱、出色的人啊。你就像不入流的作家一样，写文章时没有任何真凭实据。"[16]

从 1922 年 6 月底包豪斯理事会的会议纪要中可以窥见，许多教师认为学校的课程应该取消"不变的、固定的形式"[17]，并积极地与工业生产寻求联系。乔治·蒙克（Georg Muche）早已发现学校的预备课程（Vorkurs）相当过时，可直到 1923 年学校任命拉兹洛·莫霍利-纳吉（László Moholy-Nagy）时，它的重心才发生了转移[18]。与此同时，表现主义艺术家康定斯基加入了教师队伍，开始担任壁画讲师[19]。

杜斯伯格并非那些年唯一过境前往德国的荷兰建筑师。青年建筑师简·布伊斯（Jan Buijs）在第一次世界大战期间曾以学生身份前往柏林。马特·斯坦（Mart Stam）于 1922 年在德国柏林跟随布鲁诺·陶特的兄弟马克思·陶特（Max Taut）工作。20 世纪 20 年代早期，贾帕·吉丁（Jaap Gidding）经常前往柏林及慕尼黑交流，并将他的经历和发现转述给他的好友奥德。年轻的科尼利斯·范·埃斯特伦（Cornelis van Eesteren）在他的罗马之旅期间拜会了许多德国建筑师。包豪斯搬到德绍之后，他继续留任魏玛建筑学院（Staatliche Bauhochschule）教授城镇规划，学校则交由奥托·巴特宁（Otto Bartning）运营（**图 5-5**）。多年后，埃斯特伦被任命为 CIAM（国际现代建筑协会，Congrès International d'Architecture Modern）的主席，不过他对德国建筑的影响并没有奥德那么深远。

1923 年 3 月，如同之前在德国其他城市巡回一样，奥德在柏林发表了一场关于现代建筑发展的演说。正是在那儿，他首次结识了格罗皮乌斯和其他德国同仁。格罗皮乌斯邀请他在魏玛"包豪斯周"期间进行演讲，奥德欣然应邀。他考虑到康定斯基

---

16 'Lieber Eckhard, was wärst Du für ein lieber prachtvoller Kerl, wenn Du nicht diesen unmöglichen, unmodernen karakterverderbender Beruf hättest. Ihr gottverdammten Federfuchser habt keine Realitäten hinter Euch.' 见参考文献 [10]。

17 'keine unabänderliche feste Form annehmen darf.' 见参考文献 [11]。

18 [译者注]1923 年 3 月，莫霍利-纳吉走马上任，接手了伊顿留下的预备课程的教学和金属车间。他并没有在风格派和构成主义之间选边站，而是用他自己的理解去融会贯通。莫霍利-纳吉的开放和包容，是让风格派和构成主义在包豪斯能够合二为一，形成自己独立风格的关键之一。

19 [译者注] 以杜斯伯格和康定斯基为代表，这一阶段的包豪斯深受风格派和构成主义这两个艺术流派的影响。

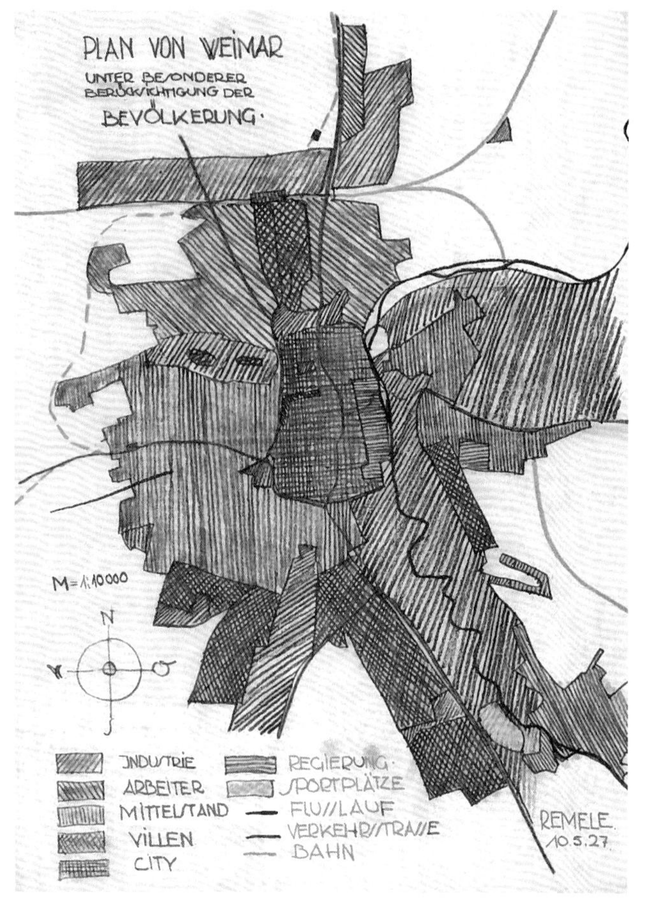

图 5-5 埃斯特伦的学生雷梅尔（J. J. Remele）的魏玛城市设计

在校任教，从而推测格罗皮乌斯对表现主义及其他流派并不反感；更重要的是，奥德也希望借此机会向德国建筑界传播更多的声音。讲座如他所愿，轰动一时。在魏玛拍摄的这张照片中，这位荷兰建筑师身着简单的西装，淡然端坐着；与之同框的还有格罗皮乌斯和康定斯基（图 5-6）。尽管奥德的演讲偶有一些奇怪的论调，但依旧受到了热烈的追捧。许多人开始相信荷兰建筑远远领先于德国。门德尔松认为这场演讲“非常优秀，内容清晰，建筑观点鲜明”[20]。格罗皮乌斯则自豪地向奥德表达：“你征服了这里的所有人！”[21]

20 ‘ausgezeichnet, voll klaren Gehalts und architektonisch’. 见参考文献 [13]。

21 ‘daβ Sie hier bei allen Leuten auf der ganzen Linie gesiegt haben’. 见参考文献 [14]。

图 5-6 格罗皮乌斯、康定斯基与奥德的合影（左到右）

图 5-7 哈德维德设计的斯图莱梅耶尔（Stulemeijer）建筑群

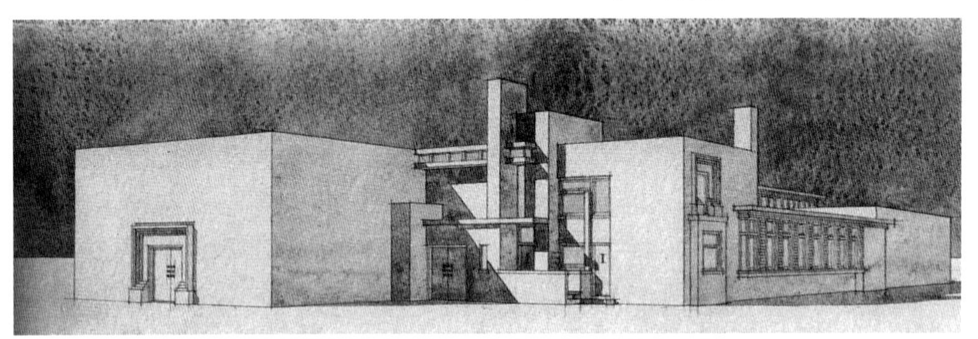

图 5-8 奥德的工厂设计（未建成）

奥德无疑是这一时期风头最劲的建筑师之一，他对“包豪斯周”的国际建筑展（图 5-7 至图 5-9）也产生了举足轻重的影响。计划经过一段漫长时间的酝酿后，格罗皮乌斯向奥德咨询荷兰建筑师名单，希望邀请他们来参展。当时，任何由混凝土及平屋顶构成的现代建筑都令他着迷，格罗皮乌斯根据他的耳闻和出版物上公开发表的作品，预选了一批荷兰建筑师，如来自鹿特丹的哈德维德（Johannes Martinus van Hardeveld）、简·波夫（Jan Pauw）以及海牙的威廉·格里芬（Willem Greve）。面对初批人选，奥德并没有完全认同，于是他立即着手筛选。目前尚不清楚他究竟采用了何种标准进行选择，但奥德强调说，参展者理应是坚持着同一理想的建筑师，而不是那些所谓的“伪现代”派。

图 5-9 奥德设计的鹿特丹塔斯帝根（Tusschendijken）街区，1920—1923

最终，这场筹备稍显仓促的展览还收录了那些没有明显理论标签的建筑师的作品，例如罗格姆（Han van Loghem）及奥德的朋友杜多克（图 5-10、图 5-11）。有趣的是，他们的参与极大地刺激了杜斯伯格，他甚至写信给在被邀请之列的里特菲尔德（Gerrit Rietveld），劝说他抵制这场展览，他写道："维尔斯和奥德的参与并不使我惊讶，因为他们正在寻求公众关注。但是你能从展览中得到什么好处呢？……你知道奥德还邀请了谁吗？范・安罗伊（Henri Antoon van Anrooy）、杜多克、罗格姆、拉德梅克（Rademaker）这帮人！所有不入流的家伙！"[22] 杜斯伯格曾怀疑自己是否该放弃原则，但正如我们所知，他实际上更加专注于风格派理论下的建筑本身，甚至在巴黎也组织了一次完全以风格派为主题的展览[23]。

22 杜斯伯格给里特菲尔德的信件，写于 1923 年 8 月，现存于荷兰乌德勒支，Rietveld-Schröder archive。

23 ［译者注］1923 年，杜斯伯格与埃斯特伦在巴黎罗森博格画廊举办了名为"现代的努力"（L' Effort Moderne）的展览。借此展览，风格派获得了本土之外更广泛的关注和影响力。杜斯伯格认为风格派团体中"范德霍夫、奥德、维尔斯的作品还没有从传统中解脱出来，过于追求纪念性，有一些沉重、有一些封闭"。他为此次展览特别制作一批设计成果，以更完整地呈现风格派的新造型理念。但此时风格派的建筑师成员们却忙于另外的社交活动——奥德、里特菲尔德、维尔斯、斯坦、罗格姆和杜多克受邀参加魏玛包豪斯的国际建筑纪念展。

图 5-10 杜多克设计的巴文克博士学校（Dr.H.Bavinckschool），1921—1922

图 5-11 罗格姆设计的单身—家庭住区，1920—1921

从柏林的包豪斯档案馆保存的展品清单中可以看到，安罗伊、卡雷尔·梅耶尔（Karel Meijer）以及拉德梅克未能及时提交材料。而里特菲尔德在当时还没有建成作品可供展示。维尔斯提交了海牙帕帕维霍夫（Papaverhof）住宅区的照片，这是一组没有使用混凝土的作品（图 5-12）；杜多克展示了砖砌建筑；斯坦提交了科尼斯堡（Konigsberg）的一座办公大楼的竞赛作品。建筑评论家西格弗里德·吉迪恩（Sigfried Giedion）对荷兰人在包豪斯展览中的表现感到震惊，他认为他们“处于寻求建筑新目

图 5-12 维尔斯设计的海牙帕帕维霍夫住宅区，1919—1921

标的最前沿”[24]。

当时旅居德国的荷兰作家奥古斯塔·德威特（Augusta de Wit）为《新鹿特丹报》（NRC）撰写了一篇关于包豪斯展的展评。她的关注点在于格罗皮乌斯演讲中描绘的教育计划之轮廓：探寻新的可能性和工业化，并提到蒙克的“号角之屋（Haus am Horn）”旨在树立一个样本，“熟知这座房子的人将学会如何塑造街道，社区与城市”[25]。德威特几乎没有谈论建筑展本身，但《新鹿特丹报》的另一位匿名作者详细地讨论了这场展览。艺术史学者伊冯娜·布伦特詹斯曾指出，那位作者正是奥德。文章着力强调，展览中很多观点显露出风格派的影响：这种影响并不总是正面的。就像在荷兰，外表往往被误认为本质，以至于深刻的内涵被简化为肤浅的魔术技巧[26]。他还认为荷兰建筑师的作品被展示得很糟糕（图 5-13），照片都太小，很难被关注到。谈及外国建筑师，他对丹麦建筑师霍姆（Knud Lonberg-Holm）设计的芝加哥论坛报大楼赞不绝口。

24 ‘an der Spitze der nach neuen Zielen suchenden Baukunst’. 见参考文献[16]。

25 见参考文献[17]。［译者注］“号角之屋”的设计师是包豪斯的大师之一，画家乔治·蒙克。建筑仿佛罗马住宅一样，通过中庭组织所有房间。建筑内所有的构件，包括家具、灯具、地毯等，都由包豪斯学生们亲力亲为完成。号角之屋成为包豪斯思想集大成之重要样板。

26 Anon., De architectuur op de “Bauhaus”-tentoonstelling te Weimar,《新鹿特丹报》，1923 年 9 月 9 日，晨报 C 版，p2.

霍姆是埃斯特伦的朋友，并与奥德一直保持着联系。

总的来说，当时在荷兰关于包豪斯的信息和介绍还相当稀缺。1924 年 1 月 7 日，画家胡扎（Vilmos Huszár）在海牙艺术圈（Haagsche Kunstkring）的学校进行了一场冗长的讲座，他没有讨论展览，而是展示了包豪斯学生们的作品[27]。在最后的环节，观众提问并得出结论，认为大多数学生作品都是“丑陋和虚假”的。然而，他在现场赞扬了包豪斯学校允许学生自由实验的做法[28]。这表明了胡扎态度的显著逆转——1922 年，他曾对包豪斯发出强烈谴责，称其教学是“危害国家和文明的罪行”。可见，一直以来，荷兰的建筑学校对包豪斯知之甚少，了解并不全面。

图 5-13 1923 年魏玛包豪斯建筑展

5 奥德的影响：空鼓回声

并没有十分确凿的证据证明奥德在多大程度上促成了包豪斯的改变。但可以肯定的是，无论是奥德个人，还是与杜斯伯格一道，他们对包豪斯校内与校外的建筑思想都产生了相当深远的影响。奥德提供了一种全新的声音，而杜斯伯格则提示了某种具有可比性的反驳论点。一个观点源自包豪斯之外，另一个观点则来自内部，两者相辅

27 ［译者注］海牙艺术圈是海牙的一个艺术家及艺术爱好者协会。成员包括视觉艺术家、建筑师、作家、独奏艺术家、摄影师、音乐家和设计师。该协会成立于 1891 年。

28 讲座的讨论环节详见 anon.，'Het Bauhaus te Weimar'，《祖国报》，1924 年 1 月 8 日，晨报，p3.

相成。贝恩意识到了这一点，并引用两者的观点完结了他的著作《现代功能建筑》。这一时期，德国仍处于经济危机之中。1923年9月30日，陶特在给奥德的信中写道："这里不仅有萎靡不振的局面，还有各种可以想象的'邪恶'——一种真正幽默的混乱。"[29] 在早两个月的信中，陶特还曾写下"下一个建筑风格将被称为奇异（the Bizarre）"[30]。

各种讲座为奥德在德国赢得了良好的声誉。在巡回演讲之后，他构思了用德语出版演讲稿，作为包豪斯丛书系列的一部分。奥德写信向俄罗斯艺术家利西茨基（El Lissitzky）告知了这一想法，暗示对这样的做法仍有些犹疑[31]。利西茨基回答道："在德国新兴的普世运动中，包豪斯是唯一的岛屿。我赞同你的观点，外界之所以能够传递出各种各样的声音，其实都来源于一只（包容的）空鼓。"[32] 奥德传播其思想的讲座和出版物本身，就如同奏响充满异趣的鼓点，在包容性的包豪斯系统内外激荡起波澜壮阔的回音。无论如何，奥德的这本书作为包豪斯系列的第十册于1926年出版，并于1929年再版。

20世纪20年代，奥德关于现代建筑应该如何呈现的观点几乎没有改变，他依然坚定不移。1925年在巴黎举办的国际现代装饰和工业艺术展览会的筹备工作中，杜多克得知他对组织这次有关"装饰与艺术"的展览兴趣寥寥。他认为，如果决定参加（最终他也做到了），"荷兰提交的作品必须以'纯粹展示想法'为目标，而不是'炫耀艺术技巧'"[33]。奥德在《欧罗巴年鉴》（The Europa World Year Book）中的格言表现出他对现代建筑未来发展的质疑，我们可以察觉到他仍然忠于自己的准则，即首先坚信建筑和艺术是两码事。杜斯伯格在这一信念中看到了"一种困惑的思想表达和一个迷失了方向的人"。他们的理念渐行渐远，两者之间的鸿沟看起来已经无法弥合了。

---

29 'Hier ist nicht nur bloss Malaise, sondern alles denkbare "Mal". Ein schon humoristischer Wirrwarr'. 见参考文献[20]。

30 'Der nächste Baustil wird der Bizarre sein'. Letter from Taut to Oud, 30 July 1923 in Collection Het Nieuwe Instituut, OUDJ, 110276769, B12

31 奥德给利西茨基的信件，2 February 1924. Van Abbemuseum archive, inv.no. 1583-02. 'Ganz ehrlich gesagt hat die Verbreitung Ihren Bauhausbucher für mich eine sehr bedenkliche Seite. Es ist dazu allzuviel unreifes in diesem Buche aufgenommen.' Letter from Oud to W.Gropius in Collection Het Nieuwe Instituut, OUDJ, 110276769, B15

32 'Was anbelangt den Bauhaus ist das in der jetzt eintretenden allgemeinen Reaktion in Deutschland der einziger Insel, aber Sie haben vollständig Recht das der Äussere Tam-Tam ist ein Schall von ein noch ziemlich leeren Trommel'. 见参考文献[23]。

33 'zuiver te demonsteren' [...] 'met onze kunst-vaardigheid te pronken'. 见参考文献[24]。

如果说在理论上，奥德斡旋于不同的立场之间；在实践中，他却始终遵循一个固定的路线走向“客观理性”。1926年他为鹿特丹证券交易所做的竞赛设计清楚地表明，他不愿意对“艺术性”做出任何让步。他是唯一一个坚决不使用任何装饰形式的参赛者，功能是他坚守的出发点。然而，他的建筑却被认为完全“没有个性”，并未得到评委会的认可[34]。许多建筑师（包括格罗皮乌斯和陶特）向评委会主席贝尔拉格提出上诉，要求让奥德进入第二轮，但评委会对此置若罔闻。

尽管如此，业内对奥德的推崇并未减少，他仍旧被邀请参加各类讲座和展览。德国方面递来了几个担任城市建筑师或讲师的职位邀请。巴特宁试探他是否愿意担任魏玛建筑课程的负责人。几年后，迈耶又试图举荐他作为施莱默在德绍包豪斯的继任者，但他始终不想放弃在鹿特丹市政住房部门担任建筑师的工作[35]。1927年，奥德参加了德意志制造联盟在斯图加特举办的展览“居住”（Die Wohnung），在那里他建造了一排受到普遍赞誉的房屋[36]。除了斯坦之外，奥德是唯一参展的荷兰建筑师。当埃斯特伦继续在魏玛包豪斯的继承者——魏玛建筑学院教授城镇规划时，斯坦与德绍包豪斯建立了密切的联系，并在一定程度上逐渐取代了奥德在国际上的激进地位[37]。

（原文发表于《建筑学报》2019.12刊，[荷]赫尔曼·凡·伯格，孙磊磊，邹玥）

34 ‘ohne Eigenschaften’. 见参考文献[26-27]。

35 关于迈耶的举荐，见参考文献[28]。[译者注]1918年起，奥德担任鹿特丹市政住宅建筑师。1921年他与蒙德里安在关于新造型主义理论在建筑中的话语权产生争执。加之与杜斯伯格在建筑理念上的渐行渐远，奥德逐渐疏离风格派。

36 [译者注]此次展览由密斯主持，在城市北部山坡的一块住宅用地上，建造了21栋63户新式住宅，组成了魏森霍夫住区（Weissenhof-siedlung）。凭借其任鹿特丹的市政建筑师所积累的社会住宅建造经验，奥德的魏森霍夫五户联排现浇混凝土住宅获得了广泛的赞誉。对可复制的标准平面中生活方式的细致关注使得奥德的住宅兼顾建造的经济性与生活的适宜性。

37 [译者注]远离了风格派的全面艺术论氛围之后，奥德成为一个理性的功能主义者（Funktionism），向德国的新理性主义（Neue Sachlichkeit）迅速靠拢。1932年，菲利普·约翰逊（Philip Johnson）在国际风格建筑展中，将奥德与柯布西耶、密斯、格罗皮乌斯并列为现代建筑四巨匠。二战之后，奥德受到美国主流评论界的批判，便刻意地与现代建筑主流保持着距离。他最终被建筑评论界从“四大师”名单中除名，赖特增补入选，成为我们今日所熟知的版本。

注：除[译者注]外，注释均源自原文

参考文献

[1] [德] 沃尔特·格罗皮乌斯 . 包豪斯宣言 [R]. 魏玛，1919.

[2] [德] 包豪斯档案馆，[德] 玛格达莱娜·德罗斯特 . 包豪斯 1919-1933[M]. 丁梦月，胡一可 , 译 . 南京：江苏凤凰科学技术出版社，2017.

[3] Thomas Mienke Simon，Yvonne Brentjens. Netherlands-Bauhaus：Pioneers of A New World[M]. Rotterdam: Museum Boijmans Van Beuningen, 2019.

[4] Michel Houellebecq. The Map and the Territory[M]. New York: Alfred A. Knopf, 2012.

[5] Adolf Behne. Architekturkritik in der Zeit und über die Zeit hinaus: Texte 1913-1946[M]. Basel: Birkhäuser Verlag, 1994:10.

[6] Letter from Hegemann to Oud, 1926/01/13[A]. Het Nieuwe Instituut, OUDJ, 110276769, B28.

[7] Adolf Behne. Kroniek van de Duitsche bouwkunst, sedert het einde van den oorlog[J]. Bouwkundig Weekbald, 1923(3): 34.

[8] Yvonne Brentjens. Dear Mr. Moholy Nagary[M]// Mienke Thomas Simon. Netherlands-Bauhaus: Pioneers of A New World. Rotterdam: Museum Boijmans Van Beuningen, 2019: 88.

[9] Draft of the letter from Oud to Behrens , 1922/11/06[A]. Het Nieuwe Instituut, OUDJ, 110276769, B9.

[10] Magdalena Bushart. "Versuch einer kosmischen Kunstbetrachtung": Adolf Behne am Bauhaus[M]//. Peter Bernhard. Bauhaus Vorträge: Gastredner am Weimarer Bauhaus 1919-1925. Berlin: Gebr Mann Verlag, 2017:126.

[11] Minutes of the Meisterrat meeting of 26 June 1922 in Hauptstaatsarchiv Weimar[A]. Archiv Staatliches Bauhaus Weimar, 12: 144.

[12] Engelberg von Dočkal E. "Die Entwicklung der modernen Baukunst in Holland": J.J.P. Ouds Vortrag auf der Bauhaus-Woche am 17 August 1923[M]//. Peter Bernhard. Bauhaus Vorträge: Gastredner am Weimarer Bauhaus 1919-1925. Berlin: Gebr. Mann Verlag, 2017: 273-282.

[13] Annematrie Jaeggi. Adolf Meyer, der zweite Mann: Ein Architekt im Schatten von Walter Gropius[M]. Berlin: Argon, 1994:101.

[14] Grunhn A. Zimmermann. "Das Bezwingen der Wirklichkeit": Adolf Behne und die moderne holändische Architektur'[M]// Magdalena Bushart. Adolf Behne: Essays zu seiner Kunst-und Architektur-Kritik. Berlin: Gebr Mann Verlag, 2000:130.

[15] Letter from Doesburg to Rietvelt, 1923-08-10[A].Rietveld-Schröder archive. Utrecht: Centraal Museum.

[16] Sigfried Giedion. Bauhaus und Bauhauswoche zu Weimar[M]// Paul hofer ,Ulrich Stucky. Hommage à Giedion: Profile seiner Persönlichkeit(1923). Basel: Birkhauser, 1971: 14–19.

[17] De Wit A. De tentoonstelling van "Das Bauhaus" te Weimar[N]. Nieuwe Rotterdamsche Courant, evening edition A, 1923–08–28: 1.

[18] Anon. De architectuur op de "Bauhaus"–tentoonstelling te Weimar[N]. Nieuwe Rotterdamsche Courant, morning edition C, 1923–09–09: 2.

[19] Anon. Het Bauhaus te Weimar[N]. Het Vaderland, morning edition, 1924–01–08: 3.

[20] Letter from Taut to Oud, 1923–09–30[A]. Het Nieuwe Instituut, OUDJ, 110276769, B13.

[21] Letter from Taut to Oud, 1923–07–30[A]. Het Nieuwe Instituut, OUDJ, 110276769, B12.

[22] Letter from Oud to El Lissitzky, 1924–02–02[A]. Van Abbemuseum archive, inv. no.1583–02.

[23] Letter from El Lissitzky, 1924–03–26[A]. Van Abbemuseum archive, inv.no. 1583–02.

[24] Letter from Oud to Dudock.[A]. Het Nieuwe Instituut, OUDJ, 110276769, B21–B27.

[25] Theo van Doesburg. Het fiasco van Holland op de expositie te Parijs in 1925[J]. De stijl, 1925(10–11):443–444.

[26] Engel H. Architecture without Characteristics: On Sustainability in Architecture[M]//The Architecture Annual 1995–1996. Rotterdam: 010 Uitgeverij, 1997: 66–72.

[27] Zwart P. De projecten voor Rotterdams Beurs[N]. Het Vaderland, morning edition B, 1929–02–03: 1.

[28] Magdalena Droste. De Stijl and Urban Planning: Hannes Meyer and Dutch Artists and Architects 1924–1930[M]//Mienke Thomas Simon. Netherlands–Bauhaus: Pioneers of A New World. Rotterdam: Museum Boijmans Van Beuningen, 2019:123.

图片来源

图 5-1 “纪念包豪斯 100 周年特展”导引图，译者拍摄

图 5-2 Wasmuths Monatshefte für Baukunst, 1923, 28cm x 21cm, 私人收藏，荷兰，由 DerdaBerlin 提供

图 5-3 墨水作画 ,66.3 cm x 88.8 cm, 加拿大建筑中心 (CCA) 提供

图 5-4 合成板油墨画 ,44.8 cm x 75.4 cm, 由哈佛大学艺术博物馆 (Harvard Art Museum) / Busch-Reisinger Museum 提供 (格罗皮乌斯赠)

图 5-5 彩铅画作 ,59 cm x 42 cm，由 Het Nieuwe Instituut 提供

图 5-6 加拿大建筑中心 (CCA) 提供，蒙特利尔

图 5-7 至图 5-12 均由原作者提供

图 5-13 魏玛包豪斯大学现代档案馆提供

失落的秩序与自由的曙光

Lost Order and Dawn of Freedom

再现异托邦

Reappearance of Heterotopia

一片命运多舛的城市边缘区，一段“光辉城市”的前世今生，一座2017年密斯奖荣耀建筑，一个“向死而生”的传奇故事——今时的Bijlmermeer社区已不同往昔，不再是让人望而却步的神秘园。毒品犯罪烟消云散，各方努力让城市获得新生。这是一段封存的往事，也是一座历史社区的救赎之路。

——题记

1 从理想城到边缘区

Bijlmermeer社区曾是荷兰最著名的住区规划案例。它的规模之大、涉及理论之深远、建成后的社会因素之多变、改造时间之绵延——都让这个诞生于20世纪60年代的住区平添无数的传奇色彩。这是一座吸引了政治家、社会学家、建筑师和规划师极大关注的“问题住区”。它的发展改造历程正如一部城市革命史书，记录着各群体为之奋斗的过程。它特殊的兴衰变迁和改造方法无疑对当代城市更新有着现实的借鉴意义，并揭示出一种重要的思想转向：由乌托邦式的理性秩序迈向“人与空间”更为自由的互动模式。

勒·柯布西耶(Le Corbusier)作为建筑学现代主义的领军人，也是著名的理论“激进分子”。“功能至上”是他早年作为新时代建筑师所坚持的重要信条。他在当时异军突起、独树一帜的主要因素之一就是对工业美学的推崇和实践。他曾在1922年提出一个名为“300万人口的当代城市”的巴黎改建设想，来验证如何将工业化与功能化的思想带入城市规划中。在其乌托邦思想的理论和方案基础上，柯布西耶尝试了大量更加激进的方案，并逐步形成了他独特的、严谨理性的工业美学风格。1931年，柯布西耶首次提出“光辉城市”规划方案。他认为城市必须集中：只有集中的城市才有生命力。他主张在城市中心建立高层住宅来解决住宅紧缺的问题，而道路拥挤难题将以一种新型的立体交通模型来应对。唯有如此，新型的城市布局才能更好地体现他所强调的核心——“功能主义”。柯布西耶在整体规划方案的方方面面，最为强调的首要原则就是“秩序”（Order）——秩序是绝对理性与极致效率的基础。同时，标准化与重复性的“秩序”能促使他的“机器式住宅”[1]达成最佳效果。

1 柯布西耶在1923年发表的《走向新建筑》（Vers Une Architecture）之中提到“住宅是居住的机器”。

1933 年，国际现代建筑协会（CIAM）制定了一份城市规划理论和方法的纲领性文件《城市规划大纲》，即著名的《雅典宪章》（Charter of Athens）。宪章宣扬的正是柯布西耶对于新型理想城市的规划观点。同年，《光辉城市》（La Ville Radiuse）法文版著作问世。CIAM 又于 1937 年在法国会议上再次强调功能问题，进一步讨论区域规划。《雅典宪章》的确立与完善标志着现代主义建筑思潮已经影响至城市规划领域，并在 20 世纪 60 年代掀起了全世界范围的城市试验浪潮（图 6-1）。值得一提的是，荷兰著名建筑师和城市规划师、代尔夫特理工大学建筑学院的 Cornelis Van Eesteren 教授作为当时 CIAM 的重要一员，以其城市理论思想深刻影响并激励着当时荷兰新生代的建筑师与规划师，其中就包括 Bijlmermeer 社区的主创设计师 Siegfried Nassuth。这也为现代主义城市在荷兰的发展奠定了基调。

图 6-1 基于柯布西耶的理论，CIAM 在各地的实践案例

第二次世界大战摧毁了许多荷兰家庭，其中大约有 8.7 万间房屋被毁，4.3 万间房屋遭到严重破坏，战后仅存住房不到 200 万套。荷兰人口在战后初步统计约为 900 万；但随着婴儿潮和国际移民兴起，到 1960 年人口即增至 1100 万。人口的爆发式增长加剧了城市对于居住建筑的需求。市民渴望住房，荷兰政府希望通过兴建高层住宅来解决住房短缺的问题。而以新型的建造技术和明确的功能主义为特点、标准化和可迅速复制为目的的高层住宅也更符合当时现代主义建筑狂飙突进的思想——其在当时被视为“服务于新人类的新式建筑”。于是，60 年代中期的荷兰出现了兴建高层住宅

浪潮（图 6-2）。

高层住宅的浪潮加速了现代主义在荷兰的蔓延。建筑师和规划师顺应 CIAM 激进的运动洪流，希望给城市创造出一个现代、新型、平等的社会环境。也正是此时，首都阿姆斯特丹早已无法承载人口增长的重负。因此，荷兰政府决定提出向城市边缘区扩张的计划。1961 年，政府正式确定将城市东南区域作为扩建方向，在阿姆斯特丹东南郊的 Zuidoost 区新建 Bijlmermeer 住区。1966 年，阿姆斯特丹市长曾发表激情洋溢的演讲以示政府的雄心和决定，并希望将 Bijlmermeer 区域积极建设为另一个城市中心[2]。就这样，带着市民的期盼、设计师的信念和政府的愿景，这个生来就注定不平凡的住区成为荷兰阿姆斯特丹向城市外缘探索的破冰船。

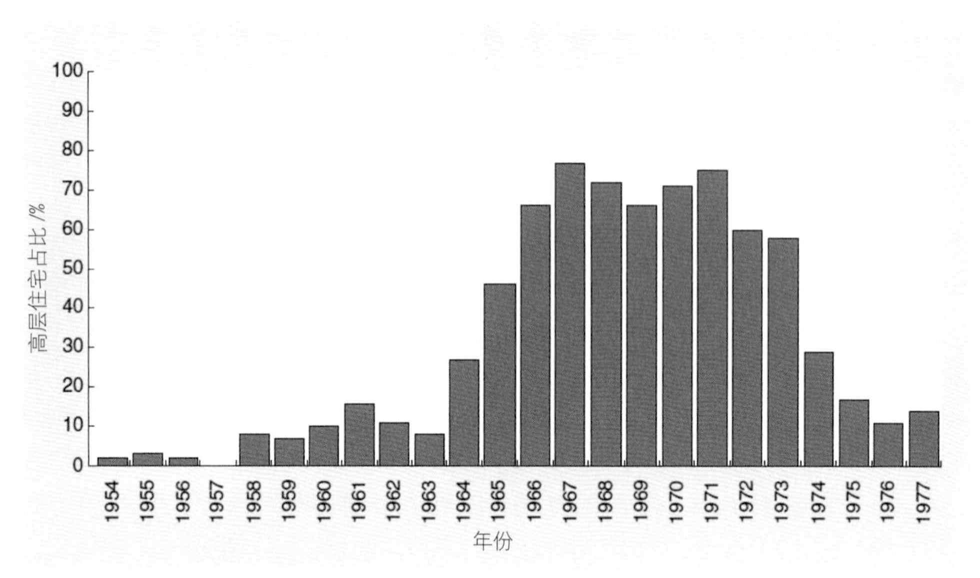

图 6-2 1954—1977 年荷兰高层住宅占所有社会住宅的比重

2 失落的秩序

Bijlmermeer 住区的建设（图 6-3），使得这个地区一度成为欧洲现代主义建筑运动影响下最具设计创新力且富有现代气息的先锋场所。设计师 Siegfried Nassuth 秉承了国际建协和柯布西耶关于“未来城市”的设想，力求打造一个和谐美好的现代邻里

2 1966 年 12 月 13 日阿姆斯特丹市长 Gijs van Hall 发表的演讲，在提到城市中心重要性的政治议程上，他认为：“阿姆斯特丹的建设不仅仅注重城市中心，更应该注重 Bijlmermeer 住区，这个住区未来将承担城市中心的作用。”资料来源：https://bijlmermuseum.com/de-1ste-paal-in-1996-met-toespraak/。

社区。Bijlmermeer 住区规划的道路交通主要以快速高架桥来解决拥挤和混行的问题，充分体现了“人车分离”的新型城市交通模型（图 6-4）。同时，基于 Zuidoost 地区未来便捷的区域交通联系，高效的铁路系统能够快速连接 Bijlmermeer 住区和阿姆斯特丹市中心。

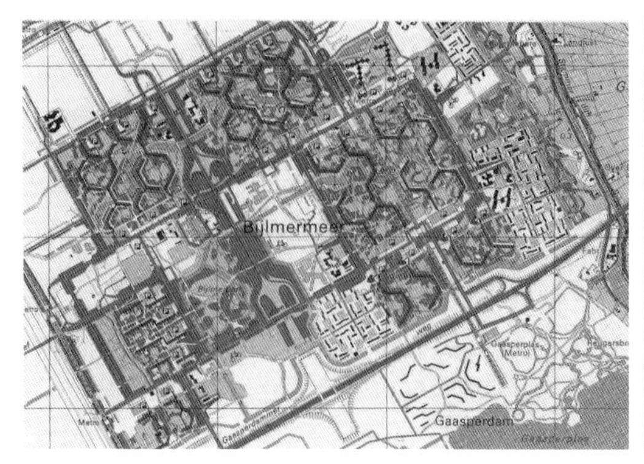

图 6-3 Bijlmermeer 住区最初设计方案

图 6-4 新型的城市立体交通

图 6-5 建成初期的 Bijlmermeer 住区的蜂窝状住宅

Bijlmermeer 住区的住宅单元以简单划一的户型模块进行横向拼接，通过狭长走廊的并联，组成一个个巨构回环的折廊式单体，并进一步地以此线性几何形体为基础，设计师将整个住宅群落围合成若干“蜂窝状”的六边形体量（图 6-5）。每一个住宅单元的走廊长度都达到 230 米以上，它们相互连接组合成 31 个街区；而每一个街区则拥有 300 到 500 套居住单元，其中 80%~90% 的单体是平均层数为 10 层的高层建筑。

此外，设计师认为新的社交空间将弥补高层生活的局限性，场地中应设置大量的公共设施和公园绿地，来鼓励开放的邻里生活。多种形式的步道和走廊在提供良好视觉效果的同时，更能够促进邻里之间的交往；水景和游乐设施也更好地吸引孩子与家长停留（图6-6）。

图6-6 开敞的室外空间与开阔的城市公园

就这样，这个以20世纪30年代的理想城市设计理念为基础，结合60年代建造技术的“新世纪住区”[3]规划方案，最终经历了7年的时间建设落成。1968至1975年间，这里共计建成13 000套住宅。尽管还有一些配套的建筑设施尚未完全建成，但这座“明日的住区”[4]已经初具规模。

3 建筑师Hazewinkel于1965年写了一篇关于城市发展计划的文章，其中有对于Bijlmermeer的评论：“随着1930年的城市规划理念和1965年的技术援助，一座城市建成于2000年。”资料来源：https://bijlmermuseum.com/de-bijlmer-in-tijd/。

4 Bijlmermeer1968年的广告标语：“一个现代城市，让今天的人们可以找到明天的居住环境。”详见参考文献[8]。

尽管在政府与设计师的努力之下，Bijlmermeer 住区以最快的速度建造完成，其体现的城市设计理论十分先进，整体的住区规划也很符合人民的愿望，但这座住区在其诞生之初就注定要承载命运的风谲云诡。

建设初期，Zuidoost 区多数地块还是大片农场，学校、医院、超市、餐馆、商店等公共建筑极其缺乏。事实上，密集高速的住宅建设加重了战后城市的经济负担，这些必要的公共建筑最终不能按时完成或者只能在建设工程中尽量简化。更致命的是，Bijlmermeer 火车站延迟到 1971 年才完工，地铁更是在 1977 年才实际运行。在此之前，住区与阿姆斯特丹市中心的交通联系十分薄弱，Bijlmermeer 住区变成了一座功能缺乏且孤立隔绝的卫星城孤岛。不仅如此，由于政府和设计师将 Bijlmermeer 住区定位过高，导致住区内的房屋租金一直居高不下，越来越少的荷兰本地人愿意在此定居。至 1973 年，闲置住房增加到了新建总量的 30%，社会的批评之声纷纷而起：单调无趣、与世隔绝；场地庞然、设施匮乏。无奈之下居民委员会只得出台降低租金的政策。

1975 年，荷兰殖民地苏里南独立热情高涨，但是许多苏里南人更希望能够前往荷兰寻求发展。他们和许多来自荷兰安德烈斯群岛及其他非西方国家的移民一样，只能选择搬进 Bijlmermeer 的空置住宅中。1976 年的居民调查显示，在 Bijlmermeer 约有 3.8 万居民，其中就有 6 500 至 8 000 的苏里南人[5]。这些外来移民面临就业和生存的巨大压力，很快就走上盗窃抢劫等犯罪道路。社区的安全成了许多人担心的问题，越来越多的原住民选择搬离住区。到了 1980 年，犯罪问题愈发严重。由于租金昂贵，一层车库一直处于闲置的状态，大片不见天光的暗空间为毒品的传播提供了温床。一项针对 44 名吸毒者的调查显示，在 Bijlmermeer 的 Ganzenhoef 街区内，每天有 2/3 的人会花费 50 到 75 荷兰盾来支付他们购买毒品的费用。1982 年，设计师重新翻修由大多数苏里南人口居住的 Gliphoeve 公寓，希望给这些“外来者”更多人文关怀，但情况仍不见好转，吸毒等犯罪活动依然猖獗。1984 年，针对住区中 1 215 人的调查显示，有 50% 的人因无家可归才选择 Bijlmermeer，30% 的人想搬家，12% 的人想远离 Bijlmermeer，超过半数的居民依靠最低工资勉强度日。到 80 年代末期，住区内的失业率持续走高。据 1989 年的统计，此地 18 至 35 岁的苏里南青年失业率高达 60%[6]。

90 年代初，根据住房指导委员会的进一步讨论，区议会和阿姆斯特丹市政府已

5　1976 年的调查显示，在 37 777 名居民之中，29% 是单身。住区内的 9 110 个家庭，其中 40% 有孩子。所有儿童中有 29% 生活在一个不完整的家庭中。6 500 至 8 000 名居民有苏里南血统。资料来源：https://bijlmermuseum.com/de-bijlmer-in-tijd/。

6　年龄在 18 至 35 岁之间的 60% 的苏里南青年失业。在 1979 年，这个数字仍然在 33% 至 38%。在此期间，总体失业率也大幅上升。资料来源：https://bijlmermuseum.com/de-bijlmer-in-tijd/。

开始考虑拆迁和重建 Bijlmermeer 住区的方案。而 1992 年 10 月 4 日，一架民用飞机意外失事，在命运多舛的 Bijlmermeer 上空坠毁。大火蔓延，摧毁了部分建筑和房屋，并造成人员伤亡，让一部分人无家可归。灾难使住区遭受了毁灭性的破坏，给其留下不可磨灭的创伤；现实的打击让 Bijlmermeer 终难承受理想之重。

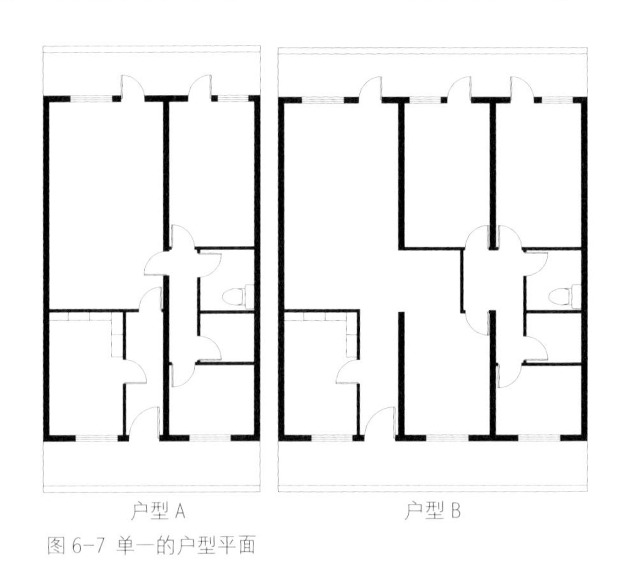

图 6-7 单一的户型平面

简析 Bijlmermeer 住区走向衰败的原因：首先，从最初的设计规划上看，“光辉城市”当初完满的“乌托邦”式理论构想如今已经饱受质疑。空间的“秩序”是当时规划建造的核心思想和首要的追求目标，设计时试图通过架空的交通系统和简单明了的巨型几何形住宅来实现。为了提高住房的生产，建筑师选择减少住宅的类型变化、增加重复的建筑模式。这导致每一栋建筑内的户型千篇一律（图 6-7），最初针对的人群只是带着孩子的中产家庭。设计对公平性与秩序性的极致追求，所导致的后果必然是对人口结构多样化的忽视。公寓形式的单一使得 Bijlmermeer 住区不能适应和满足多种人群的需求。秩序之下给人带来的多是失落和不满的负面情绪，这与人们所希望的自由灵活的居住环境相去甚远。其次，在建造层面，这些建筑体量巨大，建设成本高，许多必要的配套设施建设遭到搁置。巨大的体量更让住区不便于管理，而管理盲区则沦为灰色行为的聚集区。每座公寓的公共卫生清洁及电梯等电力设备系统的维修成了巨大的负担，垃圾污染和设备老化问题让居民严重缺乏安全感和归属感。建筑师所期许的设计亮点和现实情况大相径庭，高架桥下隐藏着社会不安全的因素，公共走廊和停车场里藏污纳垢，居民的生活质量显然得不到根本性保障。

此外，从社会性角度分析，国际难民的涌入进一步加重了住区的负担。政府并没有针对外来人口判定出相对有效的政策。犯罪率居高不下使社区陷入安全泯灭的恶性循环，住区的黑暗地带成为毒贩和乞丐的聚集地。这些情况导致越来越严峻的现实问题。Bijlmermeer 住区从一个现代主义的理想城沦为一个失业与贫困人口的栖息地，一个犯罪和毒品的高发区。残酷的现实土壤终难培育出理想之花，无奈与放弃使得诞生于光明的 Bijlmermeer 逐渐遁入长夜。

3 再现异托邦

1992 年的空难大火给 Bijlmermeer 带来了沉痛的打击，导致 43 人遇难、一座公寓楼和购物中心严重毁损，居民的生活受到严重影响，许多人无家可归。1993 年，阿姆斯特丹的债务达到 1.4 亿欧元，前所未有的黑暗笼罩着这个住区。在空难之后，住区内建立起了纪念碑，该纪念碑还被赋予了文化聚会场所的作用。在 Bijlmermeer 博物馆内记录了这一段历史，同时也记载了人们开始为住区复兴所做的努力。

早在 1986 年，阿姆斯特丹住房协会就希望库哈斯的 OMA 事务所为 Bijlmermeer 重建提供改造意见。库哈斯认为，这片住区是现代主义的象征，具有深刻的纪念意义；它是一个强大的有机体，仍然有着无限的潜力。他提议扩大 Bijlmermeer 边界，拆除隐藏在道路和高架桥下的车库和服务中心。公寓楼之间巨大尺度且无效的城市公园区域应该充满各种设施，如户外电影院和运动场馆等（图 6-8）。1987 年，政府决定加强社区的住房管理，并积极建设公共设施，可惜收效甚微。经过失败的尝试之后，人们逐渐清晰地意识到庞大的 Bijlmermeer 住区建设规模注定不能在短期内更新完善所有的配套设施，一味地加建和扩建只会加重财政的负担。住区的未来更应该倾听内部居民的声音，尽可能满足不同人群的居住需要。原本秩序井然的住宅单元只能适应单一的人口结构，自由而多元化的居住条件成为人们向往的目标。推倒和打破当初设计聚焦建立的“秩序”，反倒成为新时期的建筑师和规划师的首要目标。

从 1992 年起，政府决定对 Bijlmermeer 住区采取更为激进的更新改造计划。住区之中有四分之一的高层住宅被拆除，四分之一被整体出售，剩下的一半住宅顺应新的城市人口类型进行重点改造（图 6-9）。同时在住区范围内兴建低层住宅，吸引更多人群入住，进一步丰富人口结构。原始的交通体系最终被抛弃——高架桥被逐步拆除，大部分停车场和停车库被改造成其他功能空间，街区内部的开阔区域新增露天停车场。在改善城市环境、完善公共空间的同时，政府在住区内积极开发办公、商业、娱乐类配套公建。1996 年，荷兰著名的阿贾克斯足球俱乐部主场馆落成于此，1997 年又建成了服务于社区的电影院和音乐厅。更新改造计划期望满足更多人群的需求，提供健康安全的公共场所，激发便捷高效的出行方式。

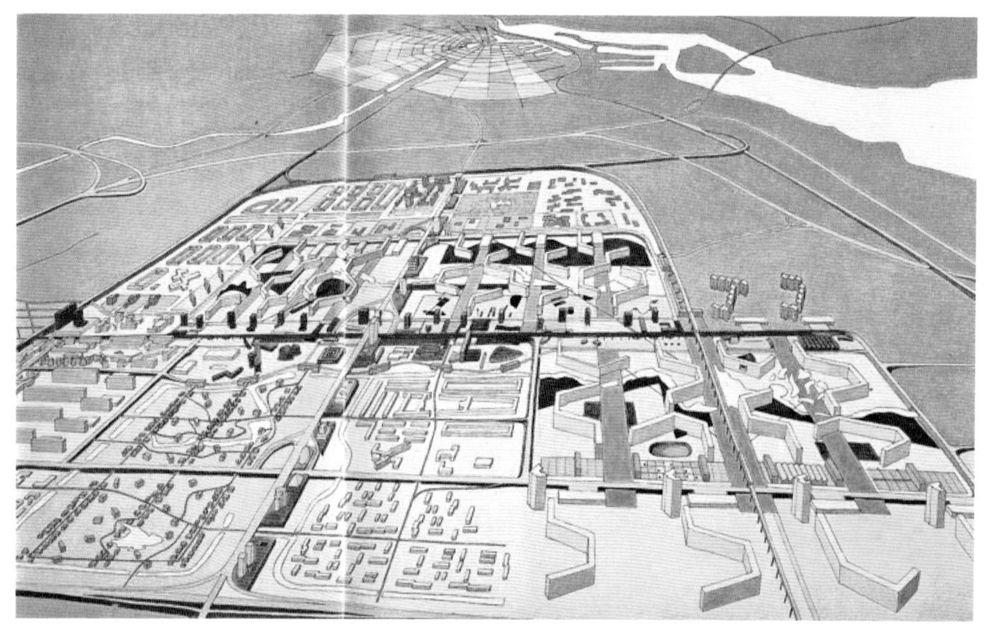

图 6-8 库哈斯提出的概念方案图

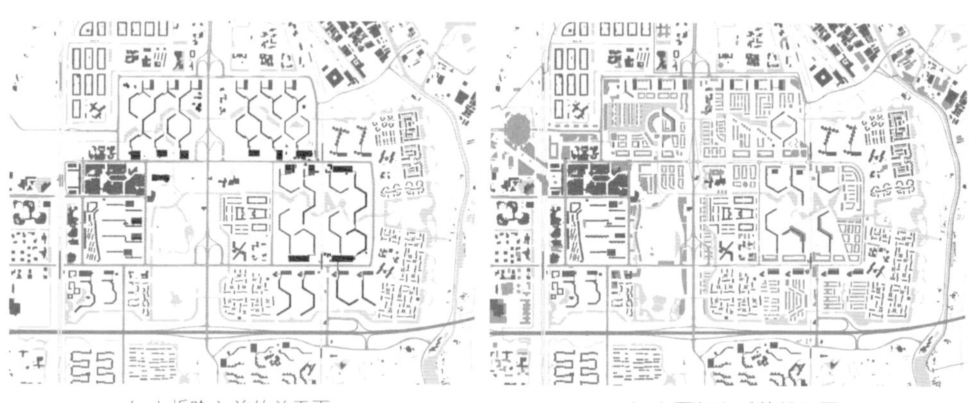

（a）拆除之前的总平面　　　　（b）更新之后的总平面

图 6-9 Bijlmermeer 住区的更新改造计划

2000 年，政府推行的一系列评估和调查显示：人们希望能在 Bijlmermeer 住区之中体现更多的差异性，同时丰富更多的功能，将之变成一个有生命力和凝聚力的场所。于是 2002 年，一项名为“最终行动计划”（Final Action Plan）的建设方案在 Bijlmermeer 开始实施。总体的计划承接之前的改造方案，大部分剩余的高层住宅将被拆除或被新的建筑取代，多元化的差异和对自由的向往成了人们关注的焦点。这项计划的具体更新改造措施有：

（1）根据居民调查的反馈结果进行住宅更新。70% 的居民认为应该拆除更多的高层住宅，新建更多的低层公寓和独立式住宅（表 6-1）。

表 6-1 1992—2012 年 Bijlmermeer 住区内住宅变化

	1992 年		拆除	新建	2012 年	
高层住宅	12 500	(100%)	6 550	0	5 950	44.4%
底层公寓	0	(0%)	0	4 600	4 600	34.3%
独栋住宅	0	(0%)	0	2 850	2 850	21.3%
总计	12 500	(100%)	6 550	7 450	13 400	100%

（2）完全取缔地下车库的黑暗空间，建设开阔整洁的露天停车场，消除居民视觉的盲区，提供更好的安全保障（图 6-10）。

（3）加强环境整治，保证公共空间的安全性和吸引力，鼓励居民利用开阔的公共空间展开丰富有趣的社区活动（图 6-11）。

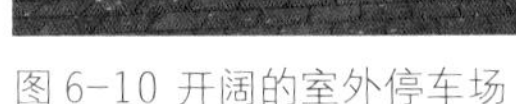

图 6-10 开阔的室外停车场

图 6-11 社区“商业街”

（4）完善公共设施激发住区的活力。建立新型的城市综合体，服务于学习、工作、娱乐和生活功能，比如 Heineken 音乐厅和 GETZ 娱乐中心等。

纵观 Bijlmermeer 的总体建设和改造过程，它诞生于一个理性秩序的理论基础之中。在这个理论之下，住区和街道各司其职，道路四通八达，建筑排列整齐。“土地平旷，屋舍俨然”，这一桃花源般的美好愿景让 Bijlmermeer 最初的设计目标就像是一座理想主义的乌托邦城。正如卡尔·曼海姆（Karl Mannheim）在他的《意识形态与乌托邦》（Ideology and Utopia）中对“乌托邦”做出的定义：“它是对现实的超越并与现实秩序变革力量相结合的实践意向。”但实践证明这只是一种对于理想社会的期望和完美社会形态一厢情愿的虚拟。

而建设所面临的实际情况是：二战后紧张的住房需求要求 Bijlmermeer 住区必须在短时间内建成，财政的紧缺也让住区的整体质量得不到保证，再加上国际移民和自然灾害等不可控的因素，这一切虚幻的乌托邦构想最终沦为不切实际的灰暗泡影。仅凭理想主义并不能支撑起住区的实际发展，而强硬预设的大一统秩序，则如同魔咒和禁锢，只会让住区逐步走向没落。

于是随着实际过程对现实的揭示，整个社会开始转变观念、灵活思考 Bijlmermeer 住区的整体改造计划。改造不再依托于理想秩序而存在，更多的是思考现实环境的优化。在多方努力之下，这座历史住区的矍铄而生让它成为超越原本“乌托邦”式的实体存在，是真实情境下的现实之所。住区之中不仅有最初理想主义的设计，更有根据现实对“秩序”进行的改造。它经历了诞生之初的“光辉”，也承受了无比沉重的黑暗，变得更像一座“异托邦”——多元的、复杂的，更是包容的、整体的。其作为一个差异性、异质性、创造性、持续颠覆变化的空间存在，体现了随时代流转的生活状态和生存体验。

Bijlmermeer 在时光流转之中“向死而生”，是一个从乌托邦向异托邦转变的真实案例，同时它的改造体现着人们对于住区，对于城市更深刻的追问：如何在理想主义的秩序背后寻找自由的归宿?

4 自由的曙光

Bijlmermeer 住区之中最值得关注的、最具代表性的案例就是 Kleiburg 公寓。它是 Bijlmermeer 住区内唯一保持着建成时最初形态的建筑单体，俨然成为“现代主义浪潮中的最后斗士”（图 6-12）。自 2002 年的最终改造计划开始，Bijlmermeer 住区内大多数住宅被拆除，Kleiburg 公寓也曾面临着被拆除的命运。荷兰 Rochdale 住房公司决定组织一场竞赛旨在探索 Kleiburg 公寓经济可行的改造计划，而最终 De FLAT 联合企业的设计团队被选中。

设计团队的初步改造措施主要是翻新建筑的主要结构。首先，取消外挂式电梯并将其整合至建筑的核心筒内，降低了电梯的维修运营成本；其次将一层低矮的通道整合，形成开阔宽敞的开放空间；然后再将原本位于一层的杂物房等储藏空间整合到电梯井旁，整合一、二层空间，组成更加丰富活泼的建筑沿街界面（图 6-13）。

除去常规的更新改造手法之外，如何提供更加自由的居住环境是设计团队着重关心的问题。他们希望用更加创新的改造手法来创造出针对不同用户的居住空间。局限于早期现代主义的设计手法，Kleiburg 公寓过于单调和统一，秩序之下被“完全定义的”居住空间否定和扼杀了“可能性和多样性”的存在。如何摆脱原有空间单调重复

图 6-12 改造后的 Bijlmermeer 住区，左侧建筑为 Kleiburg 公寓

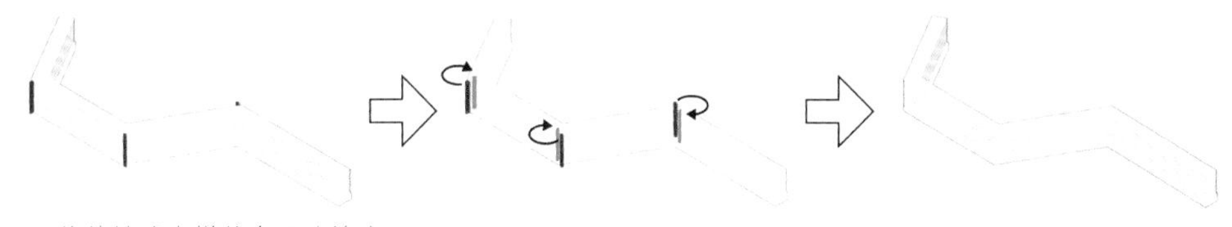

1. 将外挂式电梯整合至建筑内

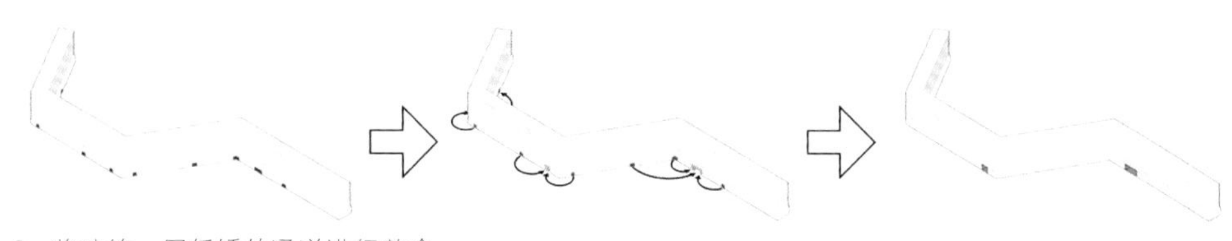

2. 将建筑一层低矮的通道进行整合

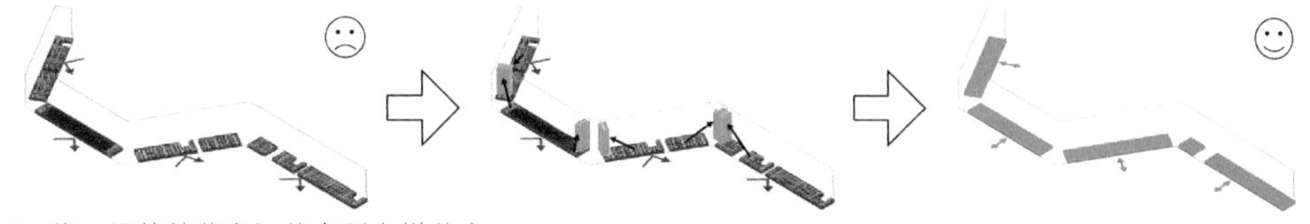

3. 将一层的储藏空间整合到电梯井旁

图 6-13 Kleiburg 公寓的初步改造

的枷锁成为设计团队最聚焦的问题。如果能够提供更大的自由度与灵活度，则住户会根据自己的需求进行设计建造——就在这种想法的激励之下，设计团队提出了反向的新型改造方法——还原“未被定义的空间”。为了给不同的人群类型提供不同的居住模式，他们重在“还原”，暂将自主权交还给住户本身。设计团队打破原有的千篇一律的户型平面，拆除了单元中固定的厕所和厨房。住户依据自己的喜好和真实需求进行改造（图 6-14）。若是对单个住宅单元不满意，住户还可以根据实际需求申请将水平或竖直方向的单元合并，组合成新的住宅单元形式。

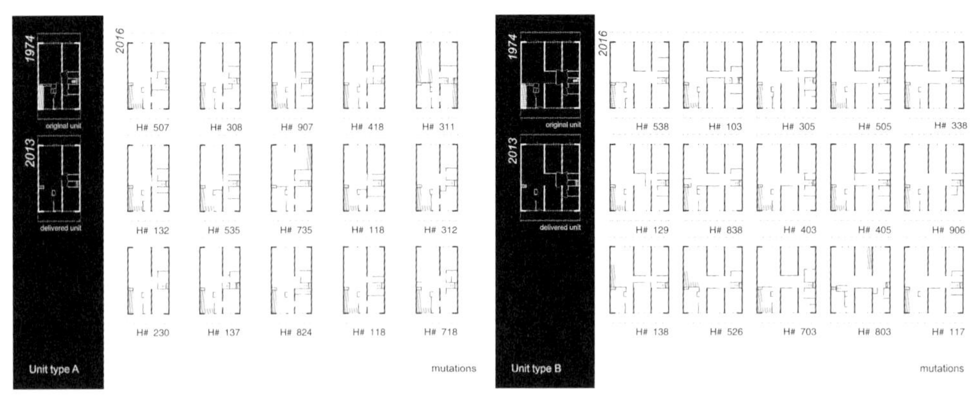

图 6-14 拆除厕所和厨房之后用户根据自己的要求加建的不同户型

Kleiburg 公寓的创新举措使它赢得了 2017 年的欧洲建筑最高奖——密斯奖，它的改造给当代住区多元化的需求提供了一种全新的思维和建造模式，这是一种对当下多样的家庭模式和千变万化的生活方式所做出的回应——“唯有变化是不变的”。

与 Kleiburg 公寓改造的出发点一致，2018 年主题为“自由空间”的威尼斯建筑双年展之中，所展出的 Tila 公寓（Tila Loft Housing）同样注重居住空间中“未被定义”的留白空间。该公寓由 Talli Architecture 设计团队在 2011 年设计建造，位于芬兰首都赫尔辛基。但与 Kleiburg 公寓有所不同的是，Tila 公寓给予住户更大的非定义空间——公寓通过朝南的全玻璃立面采光，阳台贯穿整个空间宽度。公寓的尺寸和结构允许居住者建造一个上层走廊。公寓所体现的新阁楼概念基于开放式建筑系统：在现有建筑框架内，住户可以自行确定并建造所需的分区。Tila 公寓这样的阁楼式住宅能满足多样的居住功能，得益于主空间的 5 米层高，住户可以根据自己的需求，纵向发展建造属于自己的阁楼式住宅，也可以用长廊式空间横向扩充他们的公寓。Tila 公寓的单元间面积为 102 平方米，包括两个卫生间。厨房配件的插座位于浴室模块的主房间两侧，居住者将根据自己的需要建造不同的厨房布局（图 6-15）。

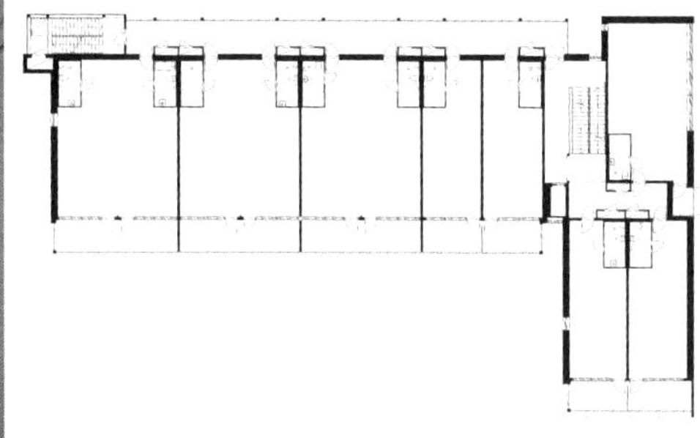

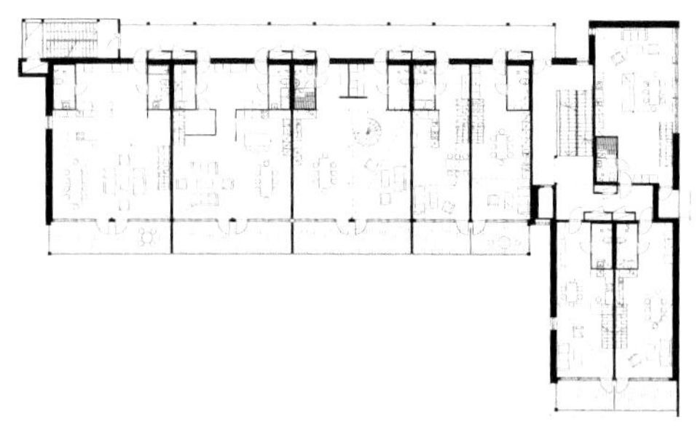

图 6-15 Tila 公寓

Tila 公寓的设计表明居住建筑中越多的空间留白，越会让建筑能够适应更多样的住户需求。更深一步来说，越能满足多样的住户需求则越能体现出整个住区的灵活性与独特性。那么如何在满足不同住户的需求情况之下将整个住区的自由度与独特性发挥到极致？ 2016 年普利兹克奖获得者亚历杭德罗·阿拉维纳（Alejandro Aravena）给出了自己的回答。2004 年，他在智利伊基克设计建造了金塔蒙罗伊住宅（图 6-16）。在这里，一栋栋连续的独立式住宅拼接而成。但这些住宅都是“半成品房子”——整体框架结构还有内部的厨房、浴室、屋顶等正常住宅中技术比较“复杂的一半”由设计师设计建造；同时为居住者留出另一半空间，让他们可以在未来进行自我扩建。亚历杭德罗·阿拉维纳的这个尝试是在秩序中对自由性更彻底、更深入的探索，他所设计的“半成品房子”不仅面对解决智利贫民窟居民的居住问题，更重要的是在秩序和整体的设计框架内部激发出住区极大的空间自由度——也就是真正属于居住人的自由。

图 6-16 金塔蒙罗伊住宅

他的策略不仅在于考虑了社会中低收入居民的经济水平，更是在最大限度上设计出了住户能够自我发挥的留白空间，这样的留白空间会激发住户与住宅之间的交互。这种交互并不是被设计的，但也不是随机的，而是用户需求的现实体现，用户会将建筑的留白自我补完。这是建筑的使用者和建筑之间的一种交流，这种交流不是有意为之或事先设计的，而是随着时间的推移，在建筑设计师脱离对场景和事件的“预想设计”之后，建筑的使用者们自己找到的与建筑共生和互动的方式——这正是他的设计思想和方法最独特的价值所在。

5 启示

当下城市更新的浪潮汹涌澎湃、方兴未艾，通过纵观 Bijlmermeer 住区的兴衰起伏、变迁救赎的历程，能够窥见一些具有代表性和现实意味的更新改造线索与启示：

（1）Bijlmermeer 社区的兴起具有时代历史的必然性。但比照轰轰前行的社会洪流，现代主义完满的形式和建筑师乌托邦式的社会构想无疑更像是固化的停滞。

（2）从思想观念层面考察：对乌托邦思想的反思和现实的反差，推动着历史社区更新改造的逻辑迭代。打破原有“坚实完美”的固化形式、重构空间秩序反而获得了自由之光——进化至整体复杂多元、灵活、现实性的“异托邦”。差异性、异质性、创造性、持续变化和颠覆的空间结构，包容了随时代流转的现实生活。

（3）在方法论的层面上，Bijlmermeer 社区的改造和 Kleiburg 公寓、金塔蒙罗伊住宅的比较分析揭示出：空间和使用者之间，持续发展变化的“交互方式”也许是城市环境和历史建筑保护与更新最值得关注的强大内核——将空间交还给使用者自身；并通过重构和留白，提供一种包容丰富潜在可能性的结构系统，赋予双方“自由交互”的动能，从而激励空间交互模式的持续创新（表 6-2）。

表 6-2 Kleiburg 公寓、Tila 公寓、金塔蒙罗伊住宅对比

名称	Kleiburg 公寓	Tila 公寓	金塔蒙罗伊住宅
地理位置	荷兰阿姆斯特丹	芬兰赫尔辛基	智利伊基克
设计师 / 团队	NL Architects 和 XVW Architectuur	Talli Architecture	Alejandro Aravena
建造年份	2012	2010	2003
设计手法	将原有的户型平面拆除厕所以及厨房，让住户根据自己的喜好和需求装修改造	公寓内只保留了厕所，并预留了安装二层楼板的工字钢，住户装修改造的可能性更大	整体住宅只建造一半，预留出另一半的材料和空间，让住户自己能够加建

（4）从技术细节来看，Bijlmermeer 社区和 Kleiburg 公寓、金塔蒙罗伊住宅的案例也提供了很多价值参考。例如：亟须完善城市历史片区的基础设施建设，提升公共环境的整体完备程度；对历史住区的特殊问题（例如外来人群特质等问题）应着重关注，并采取灵活有效的应对措施；改造需首先考量和尊重空间使用者的现实需求，并积极提倡公众参与社区更新和管理；运用各种自由灵活的改造手法（比如打破、重构、留白）——核心仍在于:“以需求为中心和出发点”，重建空间的时代性、在地性，独特而多样。

（感谢韦昱光对本章节的贡献）

参考文献

[1] 勒·柯布西耶．光辉城市 [M]．金秋野，王又佳，译．北京：中国建筑工业出版社，2011.

[2] 刘佳燕．走向整合发展的城市邻里更新策略：荷兰 Bijlmer 大型住区综合性更新项目的启示 [J]. 国际城市规划 ,2012,27(3):85-92.

[3] Wassenberg F. The Integrated Renewal of Amsterdam's Bijlmermeer High-rise[J]. Informationen zur Raumentwicklung, 2006, (3/4):191-202.

[4] Bijlmermeer P V. The Bijlmermeer Renovation[R]. Amsterdam: Projectbureau Vernieuwing Bijlmermeer, 2008.

[5] Wahlin J F. Urban Renewal of Bijlmermeer: A Qualitative Approach on Consequences of Urban Renewal in Bijlmermeer, Venserpolder and Holendrecht[D].Lunds: Lunds Universitet, 2012.

[6] Kloos M. The Bijlmermeer and Roday's Remands[J]. Archis, 1997(1): 66-73.

[7] 贺凯，钱云．探索明日的理想住区：荷兰 Bijlmermeer 高层居住区的发展更新历程 [J]. 住区，2012(3): 22-29.

[8]Helleman G, Wassenberg F. The Renewal of What Was Tomorrow's Idealistic City: Amsterdam's Bijlmermeer High-rise[J]. Cities, 2004,21(1):3-17.

[9] 丁琎燕．"异托邦"：福柯的空间哲学 [J]. 美与时代：美学（下），2018(4):45-46.

[10] 邢灿．福柯"异托邦"语境下城市公共空间设计思想解析 [D]. 大连：大连理工大学 ,2015.

[11] 李忠东．把生命的力量注入建筑的灵魂中：2016 年普利兹克建筑奖得主亚历杭德罗·阿拉维纳 [J]. 世界文化 ,2016(6):17-20.

图表来源

表 6-1：参考文献 [3]

表 6-2：作者绘制

图 6-1：https://bijlmermuseum.com/ciam-steden/

图 6-2：参考文献 [3]

图 6-3：http://towerrenewal.com/amsterdam-success-story/

图 6-4：https://bijlmermuseum.com/kraaiennest-busplatform/

图 6-5：https://bijlmermuseum.com/het-bijlmer-ontwerp/

图 6-6：作者拍摄于 Bijlmermeer 博物馆

图 6-7：作者绘制

图 6-8：https://bijlmermuseum.com/omas-plan/

图 6-9：https://failedarchitecture.com/the-story-behind-the-failure-revisioning-amsterdam-bijlmermeer/

图 6-10、图 6-11：作者拍摄

图 6-12 至 图 6-14：https://www.archdaily.com/806243/deflat-nl-architects-plus-xvw-architectuur

图 6-15：https://www.talli.fi/en/projects/loft-building-tila-housing-block

图 6-16：https://www.archdaily.cn/cn/781179/15zhang-tu-pian-zhan-shi-2016nian-pu-li-zi-ke-jiang-huo-de-zhe-ya-li-hang-de-luo-star-a-la-wei-na-zuo-pin

从游戏广场[①] 到“新巴比伦”[②]

Analysis on Playground and “New Babylon”

① 阿尔多·凡·艾克在阿姆斯特丹留下的各种游戏广场

② 指康斯坦特创造面向未来总体城市的模型

7

游戏的人

Homo Ludens

“游戏不是一个简单的生理现象，而是一个文化现象。”[1]

——约翰・赫伊津哈（Johan H. Huizinga），《游戏的人》（*Homo Ludens*）

1987年，荷兰的斯特德利克（Stedelijk）博物馆组织了举办著名建筑师阿尔多・凡・艾克（Aldo van Eyck）主题为“游戏广场”的展览。凡・艾克的妻子汉妮・凡・艾克（Hannie van Eyck）受访时谈道：“这是个很好的主意，而且展览放在这里而不是放在建筑博物馆，很有意义。”[2]可见，游戏，在成为凡・艾克大部分设计时间重要工作的同时，也逐渐成为他对于设计（城市、建筑或艺术）的一种态度。这在建筑内外，尤其是建筑与艺术之间产生不同程度的影响。从1947年建造第一个游戏广场——柏特曼游戏广场（Bertelmanplein）到1978年，阿姆斯特丹留下了凡・艾克800多个游戏广场（**图7-1**）[3]。游戏引发的场所革命，成为阿姆斯特丹城市空间发展中的重要印记。

1956年，康斯坦特・尼乌文赫伊斯（Constant Nieuwenbuys）在意大利小镇阿尔巴（Alba）召开的第一届世界自由艺术家大会（1st World Congress of Free Artists）上，受到居伊・德波（Guy Debord）关于“总体城市”（Unitary Urbanism）[4]的启发，开始酝酿对“新巴比伦”（New Babylon）的思考。作为凡・艾克的挚友，康斯坦特（Constant）在其擅长的艺术领域主动与建筑融合，希望以另一种游戏的概念融入“新

---

1 原文为：Play is to be understood here not as a biological phenomenon but as a cultural phenomenon.

2 Liane Lefaivre, Ingeborg de Roode. Aldo van Eyck, the playgrounds and the city[M]. Rotterdam：Stedelijk Museum Amsterdam NAI Publisher, 2002.

3 有200多个是专项定制的游戏场地，而其他的游戏场地，基本根据200多个场地进行学习发展，广义上说，所有这些游戏场地均与这200多个原型有极大关联。

4 1956年，康斯坦特与眼镜蛇团体（COBRA）成员爱舍・乔恩（Asger Jorn）和画家皮诺特・加里奇奥（Pinot Gallizio）成立的“包豪斯印象国际运动”（International Movement for an Imaginist Bauhaus）组织本次会议，参与成员还有“国际字母主义”（Lettrist International）（1952年成立）的成员，如后来的情境主义核心成员居伊・德波（Guy Debord）。为了反对“功能主义”的宣言，居伊・德波以“建造的氛围”（Construction of Atmosphere）为基础，让“国际字母主义”成员吉尔・沃尔曼（Gil Wolman）提出了“整体都市主义”Unitary Urbanism的概念。参见：Wigley Mark. Constant's New Babylon :The Hyper-Architecture of Design[M]. Rotterdam: 010 Publishers,1998：14.

巴比伦”[5] 构想。他以“伟大的游戏将要来临”（The Great Game to Come）的宣言，阐明了“新巴比伦”对于未来城市的重要意义。

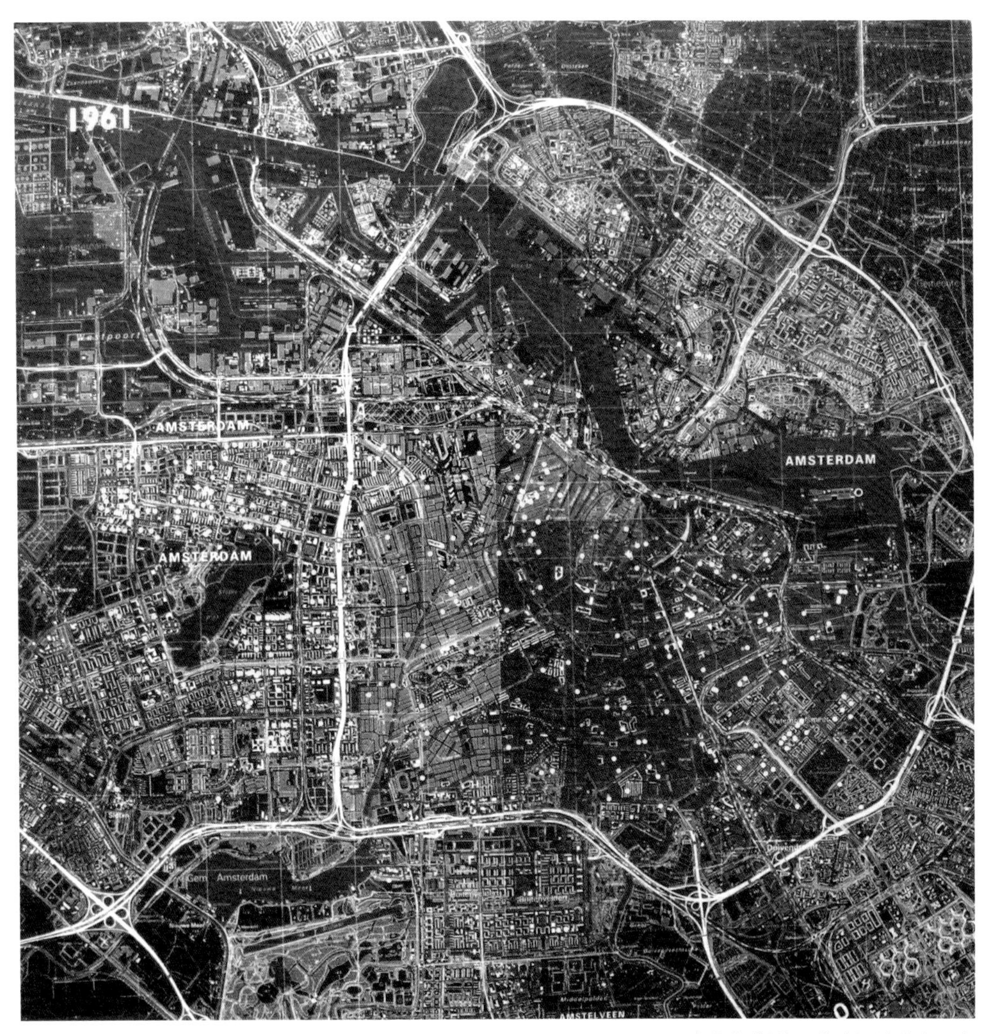

图 7-1 1961 年阿姆斯特丹游戏场地分布示意

5 新巴比伦”是康斯坦特近 15 年期间所追求的对于“城市情境”的城市研究，这是他基于“情境主义国际”对于城市研究的一种接近设计和物质呈现的作品。大约 20 世纪 60 年代，他讲古巴比伦与当代城市进行比较研究，将寓意为“神之门”的巴比伦，用于他对理想城市的追求，强化建筑与艺术之间的完美结合，以此建构基于日常生活情境的城市模型。

于是，游戏在成为凡・艾克和康斯坦特共同话题的同时，艺术与建筑、现实与理想以及理论与实践的对话，成为现代主义在荷兰发展中值得关注的重要特点之一。而正是这种具有共同理念下的主动交互，恰可促使我们在凡・艾克100周年诞辰之际，以一种新的视角，进一步审视荷兰现代建筑发展的重要特征，聚焦于凡・艾克和康斯坦特设计中的游戏特性，进一步分析荷兰的建筑设计的发展与艺术之间的关联特性。

1 游戏—建筑和艺术：凡・艾克遇见康斯坦特

1947年，凡・艾克与康斯坦特相遇。作为与荷兰De 8（阿姆斯特丹小组）、Opbouw（鹿特丹小组）紧密关联的建筑师，天生具有艺术才华的凡・艾克[6]将先后作为COBRA[7]（欧洲先锋派小组）和SI（情境国际主义）成员的艺术家康斯坦特带入了建筑学领域，并使其艺术的灵感在此产生了更多的交集。凡・艾克为康斯坦特推荐的建筑书籍，使得康斯坦特逐渐从绘画转向对城市与建筑的思考。1952年他们在斯特德利克博物馆的展览“人与建筑”（Mens en Huis）[8]成功合作，强调了在极简、抽象、手工和色彩的不同维度对动态空间的体验特性。这正及时响应了1951年在英国霍兹登（Hoddeston）举办的主题为“综合艺术”（Synthesis of the Arts）的展览。作为CIAM8的“都市核心”（Core of the City）会议的平行展，该展览召唤着艺术家从个体的感知中走出来，与社会、空间融合。其间，建筑与艺术、前卫与在地、视像与建造、概念与实践之间，以一种友好的方式，相互交互、转化、批判，而最终以各自的坚持，产生对未来的共同追求。不难看出，建筑与艺术，在一种轻松而开放的环境中，成为可以不断交互碰撞的开放体系。这在荷兰的风格派（De Stijl）发展中得到

6 1940年，苏黎世联邦理工学院（ETH）毕业后回到荷兰的凡・艾克经常和艺术家聚在一起，并策划了多起艺术展览，在艺术与建筑之间找寻相互融通的重要性。

7 眼镜蛇团体“COBRA”（1949—1952），欧洲先锋派小组，团体名称是哥本哈根(Copenhagen)、布鲁塞尔(Brussel)和阿姆斯特丹(Amsterdam)的开头字母缩写而成的。该小组由卡雷尔・阿佩尔（Karel Appel），康斯坦特，柯奈尔（Guillaume Cornelis），克里斯蒂・多托蒙（Christian Dotremont），爱舍・乔恩（Asger Jorn）和约瑟夫・诺里特（Joseph Noiret）于1948年11月8日在巴黎圣母院（Notre-Dame）咖啡馆成立。他们在对超现实主义批判的同时，对现代主义与马克思主义有所关注。

8 该展览1952年11月在阿姆斯特丹市立博物馆（Stedelijk Museum Amsterdam）开幕。

了充分体现。绘画、雕塑、家具、建筑等，成为可以相互对话的媒介。而康斯坦特的革新（liberation）理念，即在此基础上寻求各种领域结合中与人相关联的体系突破，并希望通过一种对游戏的思考，考察其对未来城市发展的重要开启。

1960—1961 年，凡·艾克、康斯坦特联手获得 Sikkens Prize。然而，凡·艾克在讲演中认为，虽然他与康斯坦特合作紧密，却指向不同的方向。康斯坦特是新巴比伦主义者，经历着世界上很少会发生的事情，在强调艺术与建筑之间的结合中开拓了广泛的全新领域。没有他的研究，许多事情将不会改变。而凡·艾克自己则在日常的建筑和场所的创作中，与艺术结合，以一种结构性的方式，探索在真实的场所中各种可能性。他在对康斯坦特的“新巴比伦”（1956—1974 年）的讨论中提道：“他（康斯坦特）思考的是乌托邦，而我不是……他将他的智慧与创造力融入了一个整体概念之中，但我从未有过这样的整体概念，所以，我欣赏这个概念……”阿姆斯特丹的儿童游戏场地实践强有力地证明了另一种他对于城市生活、社会发展的实践立场。可见，他们从不同的维度，尝试在一种非正式的秩序和结构中，建构全新的城市肌理与模式。当凡·艾克以微观的视角，在孤儿院中以游戏的方式建立了一种结构与游戏空间之间的对应性时，康斯坦特则从一种宏观的城市维度，试图建立其游戏秩序引导下的城市模型。脱离地面的整体巨构城市“新巴比伦”和一个个零散而自由生长的阿姆斯特丹游戏场地，仿佛从两个极端维度探索着游戏作为一种文化和城市现象的鲜明态度，以及在各种限制、自由、虚拟、现实之间，形成的对于当下社会发展的反思与尝试。凡·艾克的游戏广场，从一种城市修补的维度，以孩童行为的介入，不断在城市空间复兴、孩童关爱与人居活力塑造之间，编织了一个不断生成的城市网络；而康斯坦特则在一种脱离“地面”的全新系统的建造中，尝试城市系统的全新建构，让新与旧之间产生并置与差异，以一种乌托邦的理想，试图为未来创造具有启示性的城市发展途径。这种集中而矛盾的碰撞下的创造，形成了对于一系列特定秩序的思考。游戏产生的规则，结构以及城市与艺术的结合，成为以康斯坦特为代表的艺术家和凡·艾克等一批建筑师探索相互之间融通的共同话题。

当然，对于“新巴比伦”来说，康斯坦特认为这不是一个艺术的乌托邦，而是一个面对实际建造的未来城市。康斯坦特在情境主义国际的会议中谈道：“艺术家应合理地利用光线、声音、行为等影响周边的环境……而艺术与人类居住的结合，将在技术的推进中，进一步在视觉、语言和心理中，产生全新的‘整体城市’（Unitary Urbanism）。”[9] 由此可见，康斯坦特在“新巴比伦”中的“游戏”意图，形成了对

9 引自 1958 年康斯坦特写给 SI 信中的阐述。

于现实与虚拟、未来与当下并置下，以高技术建构作为媒介面向真实生活的基本途径。这将在视觉、听觉、味觉以及色彩的交互中，激发视觉感知下的秩序建立。

1966年，他在“游戏的人”影响下以强烈的线条创作了同名绘画作品《游戏的人》（Homo Ludens）（图7-2），其中融入了对空间与行为、艺术与建造、社会与政治、清晰与迷宫、建造与结构的思考。在此，游戏作为一种对于本能的释放，形成了康斯坦特对“新巴比伦”构想的基本态度。他认为，“新巴比伦”不是一个在技术建造视角下的艺术品，而是面对人类未来真实生活的思考，一种脱离了一切贫穷和痛苦的游戏世界。虽然世界的形式未知，但在“新巴比伦”中生活的人，在成为自我设计师的同时，作为一种具有全新生活方式的半游戏状态的人，探索着未来的世界。马克·维格利（Mark Wigley）认为，生活在其中的人们，不仅是使用者，还是探索者和设计师，开放的城市结构使每个居住其中的设计师找寻在不破坏原有体系中建立自由生活的途径。

图7-2 1966年绘画作品《游戏的人》（Homo Ludens）

当然，康斯坦特和凡·艾克之间的碰撞并非偶然，现代主义初期，荷兰的艺术家和建筑师之间紧密联系，各自思考城市未来和当下发展之间的紧密关联。当时的“新表现同盟”（Liga Nieuw Beelden）[10] 成为荷兰艺术家和建筑师充分交流的平台。如，康斯坦特、凡·艾克与 CORBA 艺术家斯蒂芬·吉尔伯特（Stephen Gilbert）、建筑师凡·杜斯伯格（Van Doesburg）和凡·埃斯特伦（Van Eesteren）的交流合作，在风格派的影响下，形成对色彩与空间的聚焦； 查尔斯·卡斯滕（Charles Karsten）（De 8 的成员）则在艺术家们的相互影响下，从一名建筑师最终转为雕塑家；此外，建筑师马特·斯坦（Mart Stam），雅各布·巴克玛（Jacob Bakema），凡·登·布鲁克（J.H.van den Broek）与结构主义艺术家瑙鲁·加博（Naum Gabo）等，在多次的讨论中逐渐稳固了艺术与建筑之间的平衡；而康斯坦特在和艺术家尼古拉斯·舒弗尔（Nicolas Schoffe）以及斯蒂芬·吉尔伯特的合作中，试图找寻一种未来城市“空间动态”（Spatiodynamism）的弹性空间结构，足以承载各种功能空间，由此预示着未来城市发展的无限可能。

2 游戏—氛围：约束的自由

赫伊津哈认为游戏是一种封闭性的活动。游戏在特定的空间中，暂时脱离了生活的具体现实，形成一种短暂的规定性与秩序，而这种规定性，又以一种开放的自由度，释放了基于场地、参与者以及规则下的限制，并期待在不断的发展中，找寻超越传统认知下的多元属性。可见，这里讨论的封闭，更是一种对自由的渴望、激发与呈现。

“新巴比伦”建立了一个新的城市蓝图和人类生活方式。“第一届自由艺术家世界大会”会议中提到的基于“氛围建构”的“整体城市”，成为康斯坦特在“心理地图”（Psychogeography），“环境、行为和建筑建构”基础上进行“新巴比伦”建造的基本前提。这可视为未来城市建构的物质载体和技术手段，并由此形成游戏引导下“氛围”营造的开始。这种游历带来的人居状态，将在未来城市形态的创建中，激发全新生活空间中体系建构的可能。

凡·艾克和康斯坦特均试图从一种规定性的体系中，基于各自维度找寻自由氛围的意义。“新巴比伦”的巨构通过城市基础设施的重塑，展现了在巨大的物质结构基础上的空间诉求。这是一种试图摆脱和释放地面而再造地平面的强烈驱动（图 7-3）。

---

10 League for New Representation, 1954.

他希望将过去与未来形成共时的并置，在空间得以释放的基础上，充分利用原本没有有效利用的维度，重新思考城市的意义。而这种城市的主要架构建立在一种相对封闭而稳定的秩序中，为新的生活提供了充分机会与自由，由此引发各种多维度、空间化并行的生活方式的可能。而凡·艾克则在批判了笛卡尔体系和功能区划的基础上，建立了另一种扁平、无中心而具有一定开放性的结构体系。这种体系的建立，充分融入了对于日常而细微的氛围的营造，相比较"新巴比伦"在建筑科学叙事中飘移的逻辑，凡·艾克的游戏广场在一种无尽的空间连续中，以儿童的视角进行游戏行为的空间转译。这是一种不断被更新和修复的动态系统，在不经意的探索中，寻求约束环境下的自主意识。

图 7-3 康斯坦特作品《大黄片区》(Large Yellow Sector)

因此，"新巴比伦"成为一个"中间"城市，即一种脱离城市的空中独立体系，可以自由生长和自动修复。而这种悬浮的"人工景观"则激发全新城市模式和人类的行为可能。这个"立体的游戏场"[11] 和凡·艾克的游戏广场相比，在成为一种面向未来完整体系的同时，也基于城市具体问题，形成对城市"空隙"修补中差异化的活力再现。在此，游戏成为可以进一步面向未来自由探索的媒介，成为进一步诠释生活规训的载体，也成为可以反思城市复杂而矛盾问题的始端。

在此，康斯坦特和凡·艾克均试图建立一种"游戏中的文化"(Culture in Play)氛围，以此理解游戏对于自由和开放的态度，并体现游戏在日常理解中可以进行文化建构的可能。游戏，在成为一种具有自在逻辑、具体想象和驱动体验特点的事件同时，超越了人的本能而根植于不同的文化中。这种不同文化中的游戏意义，预示了某种规则下的自由属性所能够构建全新体系的基本动力。这是一种日常的力量，是在严谨而正式的体系中无法获取的自由力量。

11 Wigley Mark, Constant's New Babylon :The Hyper-Architecture of Design[M]. Rotterdam: 010 Publishers, 1998: 13.

图 7-4 “新巴比伦”中“游戏的人”的体验

图 7-5 阿姆斯特丹的“新巴比伦”，与此类似，康斯坦特塑造了巴黎等不同城市的“新巴比伦”

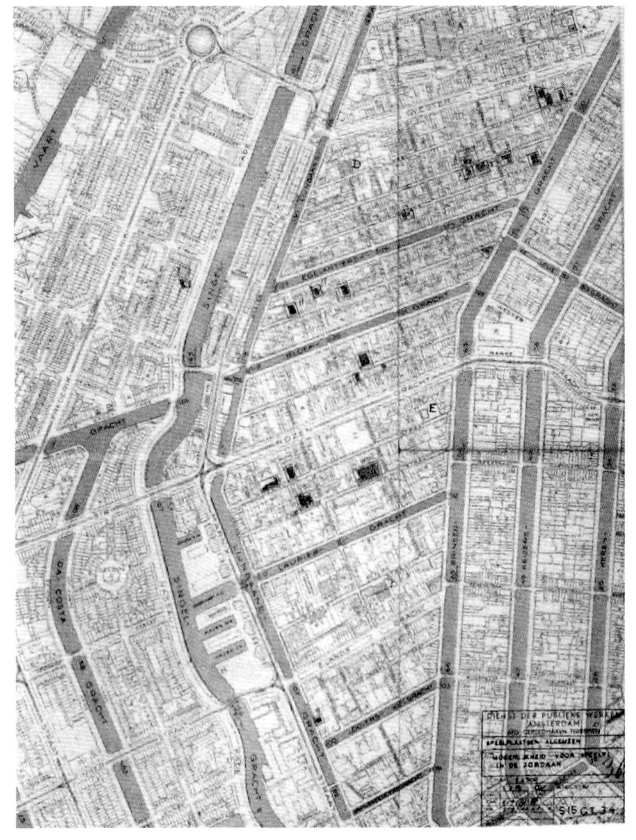

图 7-6 凡・艾克在阿姆斯特丹的雅当区（Jardaan）的游戏场地的设计，相互关联，形成了一个非中心化的潜在网络

在康斯坦特《游戏的人》绘画中呈现的“新巴比伦”体验（图 7-4），从超越现实空间结构中，强化了在与历史、文化对话中空间结构逐渐脱离于传统城市的独立呈现，并试图以一种宏大叙事的强结构，找寻未来的城市意义。康斯坦特在对欧洲多个城市进行了多样的“新巴比伦”尝试中，一边探索一种悬浮在传统城市上空的全新建构的城市体系与既有肌理之间的缝合关系，试图使相互之间形成一种多维叠加的有机体系（图 7-5）；一边在其自身建构的体系中，以一种开放、探索而流动的空间塑造，试图创造一种区别于传统的城市架构模式，以此激发新的城市生活的开始。作为他的挚友，凡・艾克则在相信他激进的“新巴比伦”的同时，以另一种退让的方式进行细微观察，并着重将其精力致力于小型而日常的场地思考。在一个个零散的游戏场地设计中，他不仅致力于儿童游戏特征的呈现，更为重要的是在一种城市碎片空间的重新审视中，找寻其局部更新和整体系统重构的关联可能。他在一种动态的游戏场所的编织中，不断建立了阿姆斯特丹城市主结构体系下的另一种隐形结构。而这种基于碎片

图 7-7 阿姆斯特丹街道的游戏广场改造

重组的结构，仿佛是另一种弱结构“新巴比伦”的再造，形成了支撑人们日常行为与空间重塑的朴素需求（图 7-6、图 7-7）。这种生活体验下的空间再造和整体碎片化的空间织布，让一种潜在的日常系统成为在具体化游戏的城市体系中的再现。恰恰是这种质朴的意义，在与康斯坦特的艺术碰撞与差异化的探索中，形成并呈现了另一种日常的艺术秩序与节奏。

凡·艾克的第一个游戏场地与列斐伏尔（Henri Lefebvre）的《日常生活批判》（Critique of Everyday Life）同样诞生于 1947 年。他们不约而同地对城市的日常生活和日常城市空间的建构产生了强烈的兴趣，这也是在二战后大量设计者和理论家不断反思和深度研究的重要话题。游戏广场，在一种有意识的推动下成为可以自我调节的场所，见缝插针地填补了城市空隙中的各种碎片、扭曲和失衡。而这种针对现实多样的在地的“粗糙”修补，最终以 800 多个更新的城市碎片广场，织布了一种强有力的城市“弱”结构，在无处不在场地中，建立了别样的场所意义。列斐伏尔认为，在城市发展中，各种匿名的全新空间逐渐产生。凡・艾克的游戏场地即针对这些匿名空间，以一种严肃的游戏视角，在全新系统的动态更新的基础上，建立了另一种可以不断生长、自下而上且自我循环的“肮脏现实”[12]体系，并努力从孩童的视角出发，挖掘源于日常细节的系统意义。同为可以生长的结构体系，“新巴比伦”以一种乌托邦式的巨构生长，提出对于不同城市体系共存的并置可能，并创造了另一种全然不同的生活模式。它以一种宏大叙事的日常视角，逐步展现了可以被替代的全新日常，可见，两种系统，一种是在系统结构中的全新塑造，一种是针灸点穴的本性回归。同为结构的建构，游戏广场的弱结构，在一种群集的基础上，成为一种区别于新巴比伦的强结构。在此，弱结构引导下强结构的建立，宏大叙事的表象巨构和隐性系统的巨构的梳理，让未来的城市呈现不同层级的日常意义。表层与深层的日常意义在开放的层级化并置中，以艺术的试验性视角引发超越传统而保持适度的实践可能。

可见，结构作为一种系统化的起点，无论是源于传统或日常的隐性浸润，还是反思理想乌托邦的显性表达，均可基于游戏本体的基本行为特性和游戏内在的规律性，探索未来城市的空间、物质、文化等结构之间的重构意义。凡・艾克的游戏场地星云棋布地形成散点情境，并以城市原有结构为底，赋予其另一种开放结构。它们在偶然、边缘、中心等不同属性的聚集下，编织了与传统体系相互补充的“星座”般系统。犹如蒙德里安的画作，游戏广场以一种反中心和反经典的体系，形成在城市的裂缝和间隙中，多重肌理的不断叠加，并见缝插针地以看似弱化的方式，形成另一种内在的“强”结构，一种根植于场所而又超越了时间与场地的内在秩序。

“建筑是一个小的城市，城市是一个大的建筑。”凡・艾克试图表明一种认知世界的全新坐标。从艺术和建筑结合的“新巴比伦”，到微观碎片化游戏场地，一种是独立而自治的巨型实践，一种则是微系统蔓延带来的显性、视觉化、技术性而网络化自治的独立结构；一种是脱离了原有社会属性建立的另一种生活模式和乌托邦前景，而另一种则是隐性的、细节的针对日常生活针灸式的判断和思考。

蔓延在不同城市上空的“新巴比伦”，让未来城市相对于传统历史，成为一种可以被不断延展的城市间层，从而产生可以进一步探索的可能。众多的空间，被预留为

---

12 雅克布的肮脏现实主义。

一种可以进行社会交往和游戏的空间，而“游戏的人”，则成为城市结构中的重要组成部分。这种动态的结构引导，在游历中以固定和暂时居所的方式，自我建立“家”的状态，从而让结构逐步具体化而稳固。因此，游戏中所有攀爬、探索、自由而暂时的限定，成为“新巴比伦”空间生成的重要因素之一。而正常的楼板柱结构，在全新的空间游历和与传统城市的并置中，仿佛游戏的道具被进一步地开发与重构，产生了全新的呈现（图 7–8）。同样，这种自我秩序的建立，在凡・艾克的所有游戏场地中，则以适度的空间预留，引发儿童活动的多样迸发，并由此建立另一种城市环境中的微观秩序。

图 7–8 游戏的空间被进一步地开发与重构

4 游戏—场所：空无 / 色彩

场所，区别于空间、场地、场合，一直是凡・艾克关注的重要话题。自下而上的日常美学、弹性的动态空间，以及色彩与空间的结合，使得凡・艾克对于“场所”的意图在空间中得以进一步体现。而这种色彩的介入，也从一个特定的视角，形成了对一种“空”的填补策略。

在萨特存在主义的影响下，凡·艾克对于空间与场所的讨论融入了对 “空无”（Nothingness）和“存在”（Being）之间的关联思考。这种“空无”不仅存在于城市活力和场所的缺失中，更存在于对城市修补对象的认知视角和媒介引导中。这里，或可找寻城市中不同层级系统、对象和人进行有效对接的重要媒介，或可理解为一种始于“空地”(Tabula Rasa)策略的、对于人性化城市活力重塑的重要开端。游戏广场中的策略，在对权威、自上而下和宏大叙事批判的基础上，以一种微妙的敏感度，强调了对“空间”场所意义的重要思考。这种普通的、日常的、容易忽略而普遍存在的大都市边缘和空隙，成为可以进一步场所化、非中心化，令生活重现的重要媒介。这是一种具体化、对应性、微小而具有自组织规律和学习生长的循环系统，一种中间灰度的空间。他试图从一种非正规和简单的粗陋中找寻“空”（Void）的内在意义。1953 年在 TEAM 10 会议上，凡·艾克不断阐述居住与艺术之间的关系，并着力讨论空地中“无限弹力”（Unlimited Elasticity）带来的多义潜力。城市空地在成为个体更新对象的同时，也成了城市的实体与虚体关联节奏建立的要点。其对于游戏场地的思考体现在通过具体化游戏行为的介入，进行城市“填空”，从而不断建立“空”的场所意义。最终，艺术与建筑的结合，落实于铺地、器械，游戏空间以及儿童探索等各种具体的诉求之中（图 7-9）。

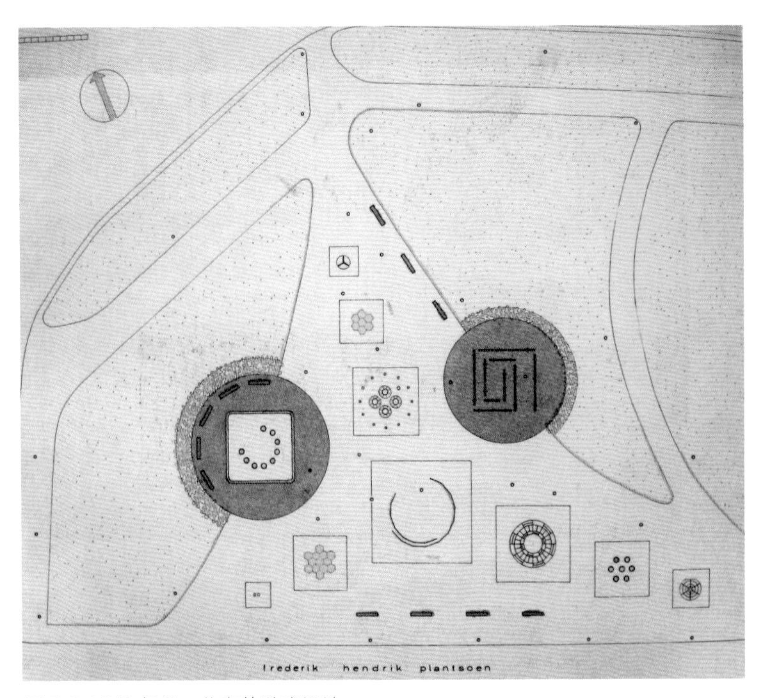

图 7-9 1949 年凡·艾克的游戏场地

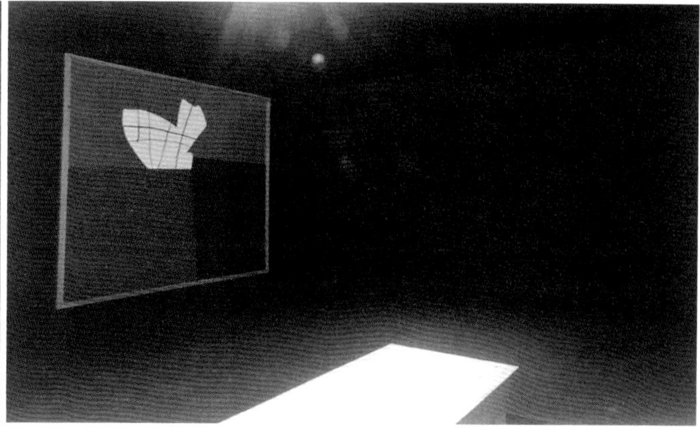

图 7-10 “蓝紫屋”展览

此外，凡·艾克在与康斯坦特、蒙德里安等艺术家的密切交往中，尝试以“空间色彩主义”（Spatial Colorism）为主题，探索色彩与空间的关联可能。艺术与建筑之间逻辑的相互转译，成为场所营造的重要出发点。游戏场地和“新巴比伦”，均充分体现了在色彩、结构、拼贴等相互结合下的三维呈现。“蓝紫屋”（Blue-purple Room）(图 7-10) 则是他们的合作中对于色彩—空间的重要尝试性探索之一。他们通过蓝色和紫色，强调了色彩与形式、空间之间的关系。这也正是在凡·艾克主编的《论坛》（Forum）杂志中不断讨论的具体内容。这在康斯坦特与建筑师，如里特维德（Rietveld）普遍讨论的“空间色彩主义”中不断体现着空间与色彩之间的紧密关系，由此形成对于“居住理念”（Idea for Living）的探索方向，以此尝试在艺术与建筑中，找寻一种可以自治的潜在机制。这在康斯坦特与凡·艾克合作的展览“人与建筑”中，试图以极少主义、简约和抽象的理解，进入对空间的思考。而这些对色彩的关注，聚焦于孩童的游戏，体现色彩空间的感知意义。

同时作为“新表现同盟”的成员，康斯坦特与里特维德等艺术家与建筑师在相互之间的合作和碰撞中，仿佛游离于“艺术与城市”之间的人，以一种游戏和休闲的姿态，思考雕塑、建筑和生活之间对话的可能。在 E55 展览中，各种金属的碎片雕塑和彩色塑料玻璃等，融入对建筑化艺术品“新巴比伦”的设计建造。这仿佛尝试在一种新的“日常形式”[13] 中，探索城市的全新意义。与此同时，凡·艾克以及他的学生布

13 胡塞尔提出生活世界、生活形式等概念。

洛姆（Piet Blom），在结构主义以及蒙德里安和COBRA成员[14]的影响下，面向未来城市和建筑探索另一种与艺术与理性结合下的构型意义，这与“新巴比伦”的“空间动态”（Spatiodynamism）相似，在看似无序的结构中，找寻“游戏”中具有弹性的基本秩序，由此质疑和探索城市发展的特殊意义。

5 游戏—内外：迷宫的清晰

马克·维格利（Mark Wigley）认为，乌托邦是一种脱离时间与场所的视角，康斯坦特虽然不认为新巴比伦是一种乌托邦，但其脱离于现实而外生的游戏化城市空间系统，以一种独立的秩序，并置于广场、绿地、传统城市之上，形成了一个理想的自治体系。这种体系在纵横交织的外部线性秩序中，以“游戏的人”的塑造，基于城市和建筑体系的结合，探索看似模糊混乱却意图明确的整体秩序。这如同凡·艾克不断提及的在城市中“迷宫般清晰”的体验，他将其融入游戏广场的思考，试图在一个具有外在秩序的场所中，强化内在空间的未知而多序的趣味性和活力，一种可以被转化和多义使用的空间机会。

图7-11 “阶梯迷宫”的草图和模型

1955年，居伊·德波提出传统城市地图可以在心理地图辨析的基础上被重置，而这种结构在其“心智地图”（Psychogeographique）的阐释中，直接影响了“新巴比伦”的空间与形态秩序。而这在凡·艾克的游戏场地中，也得到了很好的印证。巴

14 荷兰的“试验小组”（Experimentele Group）成员包括康斯坦特，画家卡雷尔·阿佩尔和柯奈尔等。

黎的拼贴、重叠和重秩，与游戏场地在阿姆斯特丹的缝隙式填充，仿佛以相似的理念，思考传统城市的发展策略，这也以一种游历般的心智地图的探索，影响着“新巴比伦”未完结构，使其逐渐完善。康斯坦特建立的迷宫，暗含了一种秩序建立的始端。“阶梯迷宫”（ladderlabyrint）的作品中（图 7–11），楼板与楼板之间的楼梯，传递了动态迷宫式的空间探索，并在光线、色彩、温度等要素的控制下，呈现读者可以重塑生活与世界的潜在可能。“新巴比伦”在城市碎片化整合的基础上，特别是在“米德尔萨克斯历史地图上的‘新巴比伦’”（New Babylon on Historical Map of Middlesex）的拼贴（图 7–12）中形成了另一个城市图景，即一种田园生活与喧闹都市，历史与现代并置的生活场景。

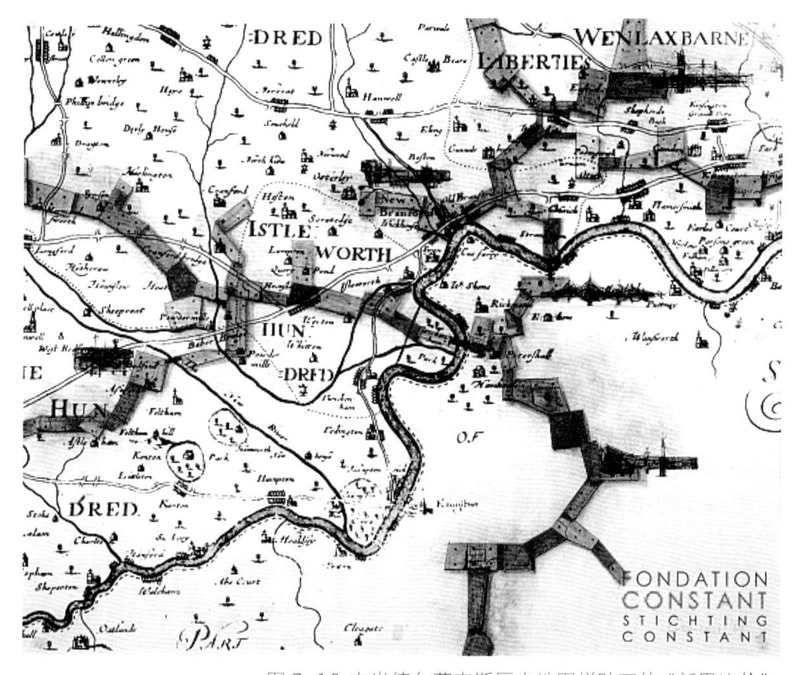

图 7–12 在米德尔萨克斯历史地图拼贴下的“新巴比伦”

从某种程度上讲，“新巴比伦”可被视为一个迷宫的城市，其承载了“半完成”的整体结构中一种“游牧”（Nomadic）般的心智开启，并试图让人们在自我体验的认知中，以不断增加而即时的自我设计，完善可以被不断解读的“动态迷宫”一样的整体城市体系。因此，“新巴比伦”对于未来城市的意义，不仅在于一种脱离于现世的自我建构，更在于其未完成却呈现开放状态的引导性探索。这种未完成的结构，在点对点的直接道路中，以“迂回”的体验方式展开，即看见，但不能直接到达，却以另一种路径引导全新的空间路径。在此，康斯坦特拒绝着重分辨设计、建筑、空间与欲望、心理、生活之间的直接关联，而是在面向未来的体系中，引导全新城市生活游戏般的开放性探索。这种塑造游戏的人和激发游戏场地的最终模型，在不断畅想以人为核心的空间意图的同时，通过真实、虚拟、物质或抽象的空间引导，以一种自由、开放、自主而动态的方式，产生明确而清晰的意图，并在未知而不断变化的空间蔓延。

康斯坦特希望尽量在功能主义和建筑装饰之后避免空虚中的迷失。他不断重申自己在远离毫无艺术角色的机械功能主义的同时，不会痴迷与机械主义对立的艺术运动，而是希望在相互之间寻求自我实现的空间。这如同凡・艾克在游戏广场的设计中，一边表达了对于城市的深度诉求，一边在城市可识别的环境中，以16世纪荷兰在绘画、印刷品和家具中大量体现的日常主题“儿童游戏”，阐述一种特殊的文化青睐带来的对于城市和环境的轻松氛围。因此，这种对于体系化与艺术化结合中的氛围营造，成为一种开放和未知体系预留中面向未来的憧憬与理想图景。

6 超越游戏

赫伊津哈认为，游戏早于文化出现[15]。因此，从与人类关系最本源而紧密的游戏出发，重新审视建筑与艺术、日常与乌托邦、开放与约束之间面向未来的城市与生活的意义，将有助于我们重新思考和发现荷兰现代主义时期，艺术与建筑学发生有趣的碰撞之时，游戏作为一种思维的视窗，逐渐成为“另一种”空间呈现的内生动力。按照康斯坦特的理解，新巴比伦不是一个建筑，而是一个理念、一个纲领。因此，以游戏路径逐渐建构未来体系的过程，使得缤纷色彩、碎片日常、迷宫游戏等日常词汇，成为可以在城市建造中得以解释和纲领性延续的起点。

沉浸于游戏广场的凡・艾克和把玩“新巴比伦”的康斯坦特，在游戏中找到了共鸣。而他们从各自不同的创造性体验中，在城市（真实）和模型（虚拟）中，建构了各自的游戏“巴比伦”。

（原文发表于《建筑师》2020.01 刊，朱渊，孙磊磊）

15 “PLAY is older than culture”，in Homo Ludens: A Study of the Play-Element In Culture，J. HUIZINGA，Boston: Beacon Press，1955.

参考文献

[1] Liane Lefaivre. Ingeborg de Roode Aldo. van Eyck, The playgrounds and the city [M]. Rotterdam ： Stedelijk Museum Amsterdam NAI Publisher, 2002.

[2] Martin Van Schaik, Otakar Macel. Exit Utopia: Architectural Provocations 1956-1976[M]. London : Prestel Publishing, 2005.

[3] Wigley Mark. Constant' s New Babylon: The Hyper-Architecture of Design[M]. Rotterdam: 010 Publishers,1998.

[4] Johan Huizinga. Homo Ludens [M]. London: Routledge, 2000.

图片来源

图 7-1、图 7-6、图 7-7、图 7-9: Liane Lefaivre. Ingeborg de Roode[M]// Aldo van Eyck: The Playgrounds and the City. Rotterdam ： Stedelijk Museum Amsterdam NAI Publisher, 2002

图 7-2: https://stichtingconstant.nl/work/homo-ludens-0

图 7-3、图 7-5: Wigley Mark. Constant's New Babylon: The Hyper-Architecture of Design[M]. Rotterdam: 010 Publishers,1998

图 7-4: Martin Van Schaik and Otakar Macel. Exit Utopia: Architectural Provocations 1956-1976[M]. London: Prestel Publishing, 2005

图 7-8、图 7-11: 孙磊磊拍摄

图 7-10: Vincent Ligtelijn. Aldof van Eyck: Works[M]. Boston:Birkhũser Verlag, 1999

图 7-12: https://stichtingconstant.nl/work/new-babylon-op-historische-kaart-van-middlesex

后记

荷兰，乃至欧洲，凭借历史悠久的文化传统和大航海时代的经济优势，一直在世界城市和建筑之林独树一帜、引领潮流。从全球性的视角出发，水文地理条件特殊的荷兰，其高度融合的地域精神也在城市更新领域散发着独特的气质魅力。多元且灵动的文化精神特质，使得荷兰建筑样本独具吸引力。

2018—2019 年，我在荷兰建筑学的学术中心及代表性学府——代尔夫特理工大学访学一年，得以有机会近距离地观察和研究荷兰建筑。再经过回国后近一年的梳理，我发表了数篇专栏文章来总结这趟珍贵的荷兰学术之旅。在这个过程中，一种对荷兰建筑观的认识逐渐清晰：无论是问题先行和学术导向的“研究型设计”、包容兼收的设计思想、从艺术领域中汲取养分，还是灵活具体的遗产策略，都蕴含着荷兰学界一以贯之的精神内核。

这种学术内核的目的是尽可能多元地追寻、探索建筑设计及城市更新背后的底层方法论，综合运用跨学科的、社会性的线索不断推陈出新。而这种方法论的姿态是非常务实的、灵活的，像追随荷兰复杂多变的水文地形与多元地域文化融汇的历史一样，主动放低学术身段，尽可能“灵动贴身”地紧密围绕“时间—空间”两大维度。

所以，荷兰的城市与建筑更新策略永远是动态的，铭刻时间的流动；荷兰本土化的设计思想一直是“在地性”的，尊崇地域的历史。所呈现出的结果就是当代荷兰不断涌现出的精彩纷呈的城市风貌和百花齐放、全球性输出的诸多先锋建筑学术流派。

在荷兰的这段学术经历和认知过程，使我萌生出版本书的想法：以视角各异的片段和章节，勾连起一种新的认知和研究结构，将我对荷兰建筑的学术观察和再研究的第一手资料及观感传播出去。本书精巧的结构是一种开放式的学术框架，让各个主题的研究模块围绕着荷兰的文化精神和学术内核，充分地互动生发，产生有趣而富有启发性的逻辑关联，获得对荷兰建筑及城市研究整体性的学术认识。

从以上追寻方法论的角度出发，荷兰人包容开放、客观求实又紧随时代流变的思想观念，对于当下中国的城市进化和更新具有重要的借鉴价值。荷兰式的多元思想交锋、注重“历时性、共时性、在地性”的融合贯通，对于我国存量空间的转型更迭深具启发意义。愿本书能够为我们新的城市设计范式、遗产保护、建成环境更新领域拓宽学术视野及学科边界，带来些许帮助。

在此，我要郑重感谢所有师友们、同事们在学术探索上对我的支持和帮助！感谢我的导师齐康院士，在我旅欧访学期间，跨越时空给予鼓励和关心；特别感谢王建国院士，在百忙之中拨冗为本书作序，对荷兰城市和建筑研究提供重要的参考建议；感谢荷兰访学期间提供协助的友人、学者和建筑师们；感谢已发表专栏文章的共同作者们：卡斯·卡恩教授、卡罗拉·海因教授、赫尔曼·凡·伯格教授、朱渊教授、朱恺奕博士、建筑师张洋女士；感谢东南大学硕士研究生邹玥、中国矿业大学硕士研究生韦昱光，以及我的学生朱峰极、敬莉萍、钱桐对本书相关章节的贡献。一并感谢我的丈夫谷华先生和家人们对我的一贯支持。

由衷感谢东南大学出版社戴丽副社长、艺术学院皮志伟老师，以及编审老师们的辛勤付出；感谢国家自然科学基金面上项目（52078315）和江苏省建设系统科技项目（2021ZD33、2020ZD04）为本书出版提供资助。

孙磊磊

2021 年深秋

内容简介

本书聚焦欧洲设计重镇——荷兰的空间实践、理论溯源与方法策略，全面呈现独特而鲜活的荷兰式城市更新思路。作者借访学代尔夫特理工大学的契机，深入考察复杂历史环境下的荷兰模式与经验，历经两年时间完成此书。全书以七篇学术文章串联起访谈、案例、理论、历史钩沉等专题研究，重点解析致密城市环境中的荷兰式创新实录，生动展示存量空间再利用的典范样本，深入探究荷兰本土的动态遗产保护语境和理论全景。内容层层递进、前后勾连，形成了一种对荷兰城市与建筑学术再观察的整体性框架。

本书学术视野聚焦、呈现形式丰富、整体架构精巧、叙述方式新颖，可供建筑学、城市规划和人文艺术领域的学者、建筑师、规划师与相关从业人员、欧洲建筑文化爱好者以及广大社会公众阅读参考。

图书在版编目（CIP）数据

时光机器：荷兰建筑再研究 / 孙磊磊著. —南京：东南大学出版社，2021.12
ISBN 978－7－5641－9597－7

Ⅰ. ①时… Ⅱ. ①孙… Ⅲ. ①建筑设计－研究－荷兰 Ⅳ. ①TU2

中国版本图书馆CIP数据核字（2021）第270053号

时光机器：荷兰建筑再研究
Shiguang Jiqi：Helan Jianzhu Zai Yanjiu

著　　者　孙磊磊
责任编辑　戴　丽
责任校对　张万莹
装帧设计　皮志伟
责任印制　周荣虎
出版发行　东南大学出版社
社　　址　南京市四牌楼 2 号（邮编：210096　电话：025-83793330）
网　　址　http://www.seupress.com
电子邮箱　press@seupress.com
经　　销　全国各地新华书店
印　　刷　上海雅昌艺术印刷有限公司
开　　本　787 mm×1092 mm　1/16
印　　张　10.5
字　　数　230千字
版　　次　2021年12月第 1 版
印　　次　2021年12月第 1 次印刷
书　　号　ISBN 978-7-5641-9597-7
定　　价　98.00元